渤海区海上油田防治溢油污染
对策与技术发展研究

刘晓丹　刘亭亭　周雅卓　**主　编**

李　超　赵　晓　吴建平　彭玉丹　**副主编**

中国海洋大学出版社

·青岛·

图书在版编目(CIP)数据

渤海区海上油田防治溢油污染对策与技术发展研究 / 刘晓丹，刘亭亭，周雅卓主编. — 青岛：中国海洋大学出版社，2021.11

ISBN 978-7-5670-2898-2

Ⅰ. ①渤… Ⅱ. ①刘… ②刘… ③周… Ⅲ. ①渤海 – 海上溢油 – 污染防治 – 研究 Ⅳ. ①X555

中国版本图书馆 CIP 数据核字(2021)第 163842 号

Research on Countermeasures and Technology Development of Oil Spill Prevention and Control in Bohai Sea

渤海区海上油田防治溢油污染对策与技术发展研究

出版发行	中国海洋大学出版社	
社　　址	青岛市香港东路 23 号	邮政编码　266071
网　　址	http://pub.ouc.edu.cn	
出 版 人	杨立敏	
责任编辑	矫恒鹏	电　　话　0532 – 85902349
电子信箱	2586345806@qq.com	
订购电话	0532 – 82032573(传真)	
印　　制	青岛瑞丰祥印务有限公司	
版　　次	2021 年 11 月第 1 版	
印　　次	2021 年 11 月第 1 次印刷	
成品尺寸	170 mm×240 mm	
印　　张	10	
字　　数	170 千	
印　　数	1－1000	
定　　价	48.00 元	

发现印装质量问题，请致电 18863932526，由印刷厂负责调换。

21世纪以来,随着世界经济的快速发展,人类社会对石油能源的需求急剧增加。陆地石油资源的开采已无法满足人类社会经济发展的需求,因此世界各国把目光投向了海洋。海洋油气资源勘探开发带来了诸多海洋环境问题,最让人担忧的是海上溢油事故。海上溢油事故具有突发性、污染面积大、危害性强的特点,对海洋环境往往会造成长期不利影响。渤海是中国海上石油开发的密集区域,2011年渤海湾康菲公司溢油事故更是继2010年墨西哥湾溢油事故之后又一起严重的溢油事故,对渤海海域的生态环境造成了巨大的不利影响,870 km² 的海水水质由一类变为劣四类,受污染面积超过 5 500 km²,而后续的应急响应机制暴露出诸多问题,值得深思。

回顾近年来我国海洋突发溢油事故的应急处置,虽然我们在海上溢油事故防控处置方面已做了很多工作,相关应急反应力量也初具规模,但缺乏科学规划和有效监督、管理体制不协调、法制不健全等一系列原因导致国家整体的应对机制尚未形成合力,应急管理机制和能力水平无法满足发展海洋事业、保护海洋环境的双重需求。

本书成书于"十四五"规划期间,"十四五"海洋生态环境保护规划的理念就是以"国家—海区—湾区—地市"梯次递进,要以沿海重要的河口海湾为核心,对与自然生态联系紧密的毗邻岸线、滩涂湿地、海域海岛等实施生态环境治理,坚持"一湾一策",精准落实区域海洋污染防治、生态保护修复、环境风险防范等目标任务。"强化海洋环境风险防控与应急响应,提高公共服务水平。按照'事前防范、事中管控、事后处置'全程监管的要求,以临港工业区、沿海化工园区和海上油气勘探开发区等为重点,全面排查整治海洋环境突发事故风险源,构建分区分类的海洋环境风险预警防控网络体系,建立健全部门协同、多方参与的海洋环境应急响应机制,深化应急能力建设、应急预案编制和应急演练。"借"十四五"规划实施的良机,希望渤海构建起完备的海上油田防治溢油预警应急防控体系,健全海上溢油应急机制和预案,为保护渤海树立起牢固的屏障。

全书共七章,第一章到第四章由东北石油大学的刘亭亭撰写,第五章至第七章由河北环境工程学院的彭玉丹与国家海洋局北海海洋工程勘察研究院的李超、赵晓、吴建平共同撰写,统稿由国家海洋局北海海洋工程勘察研究院的刘晓丹、周雅卓共同完成。第一章介绍了油田资源开发的趋势、渤海油田开发现状及面临的溢油污染形势;第二章介绍了渤海的自然环境、自然资源、敏感区分布及环渤海区域的社会经济状况等;第三章介绍了海上溢油事故的类型、溢油行为的动力过程以及造成的环境损害,并详述了蓬莱19-3油田溢油事故及处理过程、造成的影响和暴露的问题;第四章至第六章综述国内外溢油事故应急发展的现状,借鉴已有的经验,分别从宏观防控、应急管理机制、法律法规、应急保障等几方面阐述渤海海上溢油事故应急对策和措施;第七章是展望也是希望。

由于编者认知水平有限,书中难免存在不足之处,敬请各位读者批评指正!

编者

2021 年 5 月

目 录
CONTENTS

1

>>> 油田资源开发趋势

1.1 石油资源的重要地位

1.1.1 石油的理化性质

石油属于化石燃料,是目前重要的能源之一。以石油为中心,已经延展出庞大而完备的产业链体系。石油已成为现代社会的核心能源之一,长期以来被称为"工业的血液"。

石油又称"原油",是一种油质的可燃沥青质液体,一般呈暗褐色到绿色,甚至透明,有时发出荧光。石油的颜色体现了它本身所含胶质、沥青质的量,含量越高颜色越深,颜色越浅的石油油质越好。石油的性质因产地而异,密度为 $0.8 \sim 1.0 \ \mathrm{g/cm^3}$,黏度范围很大,凝固点差别很大($30\ ℃ \sim 60\ ℃$),沸点在 $500\ ℃$ 以上,可溶于多种有机质,可与水成乳状液。组成石油的化学元素主要是碳($83\% \sim 87\%$)、氢($11\% \sim 14\%$),其余为硫($0.06\% \sim 0.08\%$)、氮($0.02\% \sim 1.7\%$)、氧($0.08\% \sim 1.82\%$)及微量金属元素(镍、钒、铁等)。石油的主要组成部分是碳和氢化合物形成的烃类物质,占 $95\% \sim 99\%$。不同产地的石油,各种烃类的结构和所占比例相差很大,但主要有烷烃、环烷烃、芳香烃三类。

1.1.2 石油开发应用的历程

石油的开发伴随着应用,其历程主要分为三个时期:一是煤油时期,二是汽油时期(动力时期),三是汽油、石油化工产品时期。

煤油时期是 1837—1896 年。这一时期,煤油的主要用途是照明和民用燃料。早期石油工业的起源可以追溯到 1837 年的巴库,第一个商业炼油厂在此诞生,主要进行石油分馏。目前,国际石油界一般将世界石油工业的开端定为 1859 年 8 月 27 日,因为这一天,在美国宾夕法尼亚州靠近泰特斯维尔城的"石油溪"旁,美国石油钻探先行者 Edwin Drake 所钻探的一口井涌出油流,其在之后几年内几乎生产了世界上一半的石油。

1896 年,第一辆货用汽车在德国制造成功,石油应用进入汽油时期(动力时期)。随着内燃机的发明,全球对石油的需求持续而猛烈地增加,迄今为止石油仍是最重要的能源。

1901 年,Gulf Oil 和 Texaco 在得克萨斯州斯平德尔托普发现石油后成立;1907 年,Royal Dutch 和 Shell 合并组建 Royal Dutch/Shell;1908 年,Anglo—Persian Oil Company(现为 BP)在伊朗发现石油后成立;1911 年,当 Standard Oil 因美国最高法院判处违反反托拉斯法案而解体时,Chevron、Exxon 和 Mobil(现为 Exxon Mobil)成立;BP、Chevron、Exxon、Gulf Oil、Mobil、Royal Dutch/Shell 和 Texaco 并称为"七姐妹"。

第一次世界大战加大了全球对石油的需求。第一次世界大战后,欧美等国家庭汽车日益普及,汽车数量的增加引发了 1920 年美国西海岸汽油的短缺。汽车工业的飞速发展带动了汽油生产,为扩大汽油产量,以生产汽油为目的的热裂化工艺开发成功。各大石油公司争相加大石油勘探开发的力度和范围,一度出现供大于求的状态,导致油价下跌,这就促使各大公司开始研究石油是否可以开发其他应用。委内瑞拉(1922 年)、伊拉克(1928 年)、苏联(1929 年以及 1932 年至 1934 年)、美国(1930 年)、科威特(1938 年)和沙特阿拉伯(1938 年)等国均有重大勘探均有石油被发现。1939 年,第二次世界大战爆发,冲突再次成为需求的主要驱动力,战争使世界各国认识到控制石油的重要性。即便第二次世界大战结束后,少数国家仍然为控制原油生产而不断发生战争。

伴随着石油的大量开发和工业水平的发展,石油工业进入快速发展时期。为了利用石油炼制副产品,1920 年开始以丙烯生产异丙醇,这被认为是第一个石油化工产品。20 世纪 40 年代催化裂化工艺开发成功,加上其他加工工艺的开发,形成了现代石油炼制工艺。20 世纪 50 年代,在裂化技术的基础上开发了以制取乙烯为主要目的的烃类水蒸气高温裂解技术,裂解工艺的进步为发展石油化工提供了大量原料,同时,一些原来以煤为基本原料生产的产品陆续改以石油为基本原料,如氯乙烯。20世纪30年代,高分子合成材料大量问世,按工业生产时间排序,1931年为氯丁橡胶和聚氯乙烯,1933年为高压法聚乙烯,1935年为丁腈橡胶和聚苯乙烯,1937年为丁苯橡胶,1936年为尼龙66。第二次世界大战后,石油化工技术继续快速发展,1950年开发了腈纶,1953年开发了涤纶,1957年开发了聚丙烯。由于原料充足、技术成熟,化学工业发展出现了质的飞跃,由煤化工转换为石油化工。20世纪70年代后,石油价格上涨,石油化工发展速度下降。1996年,全世界原油加工能力为38亿t,生产化工产品用油约占10%。被称为"工业血液"的石油成为现代社会的核心能源之一。

1.1.3 石油价格变化历程

石油的价格变化历史是一个反映供求关系以及垄断与反垄断相互交叠的"故事"。当第一口工业井流开发后,美国宾夕法尼亚州成了当时最大的赢家,世界几乎一半的石油产自宾夕法尼亚州,石油价格迅速上涨,由1861年的每桶0.49美元增至1865年的6.59美元。1870年,Standard Oil公司在俄亥俄州注册成立。该公司降低石油价格并实施垄断竞争。Standard Oil在全国范围内扩张并开始向海外市场出口。至1890年,该公司实际控制了美国近90%的成品油。由于石油产量在主要产区的持续增加,全球石油价格从1876年的每桶2.56美元下跌至1892年的0.56美元。第一次世界大战推动了全球对石油的需求,石油价格从1914年的每桶0.81美元上涨到1918年的1.98美元,需求的增加引发各大公司加大勘探开发力度,产量随之增加,石油价格大幅回落。石油供大于求,又恰逢经济大萧条,石油价格从1930年的每桶1.19美元跌至1931年的每桶0.65美元。当时美国得克萨斯州铁路委员会做出干预,强制执行生产配额,限制供应并稳定价格。1939年,第二次世界大战的爆发再次引发对石油的需求,各国政府希望将石油生产国有化。伊朗、印度尼西亚和沙特阿拉伯在1950年至1960年间将石油基础设施部分国有化。在1956年至1957年,埃及控制了苏伊士运河,而全球近5%的石油都要通过该运河运输。

科威特、伊朗、伊拉克、沙特阿拉伯和委内瑞拉的官员于1960年在巴格达会面,讨论如何处理国际石油公司的降价。他们同意组建石油输出国组织(OPEC),以减少各国之间的竞争并控制价格。在后续的20年中,OPEC扩大并吸纳了卡塔尔、印度尼西亚、利比亚、阿拉伯联合酋长国、阿尔及利亚、尼日利亚、厄瓜多尔和加蓬。这些国家中的大多数也在1960年至1976年期间,通过购买或强制接受国际石油公司的股份来控制其石油储备。1973 年 10 月,第四次中东战争爆发,阿拉伯国家纷纷要求支持以色列的西方国家改变对以色列的庇护态度,决定用石油对抗西方大国,石油输出国组织的阿拉伯成员国于当年 12 月宣布收回石油标价权,并将石油价格从每桶的 3.01 美元提高到 10.65 美元,从而引发了第二次世界大战之后西方国家最严重的经济危机。持续三年的石油危机对发达国家的经济造成了严重的冲击,在这场危机中,美国的工业生产下降了14%,日本的工业生产下降了 20%以上,所有工业化国家的经济增长都显著放缓,而发动石油战争的阿拉伯国家却因此增加了经济实力。这一时期的另一标志性事件是北海(挪威和英国控制地区)油田的发现,并于 20 世纪 70 年代中期开始钻探。这里出产的石油,即布兰特原油,如今和 WTI 原油一样用作基准价格油种。为了应对可能出现的新的石油危机,1974 年 2 月召开的石油消费国会议决定成立能源协调小组,以指导和协调与会国的能源工作,同年 11 月 15 日,经济合作和发展组织各国在巴黎建立了国际能源署,同年 11 月 18 日,16 国首次工作会议召开,签署了《国际能源机构协议》,该协议于 1976 年 1 月 19 日正式生效。国际能源署是一个政府间的能源机构,至今已有 29 个成员国。由于伊朗在伊斯兰革命和两伊战争开始时缩减生产和出口,油价在 1979 年至 1980 年迅速上涨。但由于需求冲击以及其他生产国增加了产量,特别是到 1988 年,苏联成为全球最大石油生产国,油价迅速下降。1990 年,伊拉克入侵科威特,随后的海湾战争造成了供应冲击,导致油价从入侵前的每桶 14.98 美元上涨到 1991 年9 月的每桶 41.00 美元。1991 年苏联解体,之后俄罗斯石油工业也呈下滑之势,由于投资减少,接下来 10 年中石油产量减半。亚洲金融危机时期,全球石油需求急剧下降,直到 1999 年经济复苏时才有所缓和。2003 年,美国对伊拉克的入侵给石油供应带来了不确定性,与此同时,亚洲需求(中国经济飞速发展)大幅增加,以上因素使油价从 2000 年 7 月的每桶 28.38 美元增至 2008 年 7 月的146.02美元。之后全球金融危机导致价格下跌,又在 2011 年"阿拉伯之春"后达126.48 美元,再次造成了供应短缺。之后几年水力压裂法得以应用,技术进步促进了美国页岩油产量的增加,降低了 OPEC 的影响力,并导致油价下跌,从2014 年 6 月的每桶 114.84 美元降至 2016 年 1 月的不到 28.47 美元。OPEC 联合其他几个国家(包括俄罗斯)实施减产计划。油价在这些减产计划宣布之后随即上涨,但随着美国现在可以充当"无拘束产油国",OPEC 控制价格的能力下降。

1.2　中国石油开发的历程

　　1949 年,中华人民共和国成立,中国人民从此站立起来了,屹立于世界民族之林。仅用了短短 20 多年时间,中国就在一个一穷二白的农业国基础上,建立起了初具规模、门类比较齐全的现代工业体系。改革开放 40 年来,在中国共产党的领导下,中国人民开辟了一条中国特色社会主义发展道路,创造了世界公认的"中国奇迹",目前已成为世界第二大经济体。其间,石油工业充分利用国内外两种资源、两个市场,建立起一整套适应经济全球化要求、全方位对外开放的石油、天然气供给体系和保障机制:国内原油产量持续保持稳定,天然气产量20 多年保持两位数快速增长;进行跨国石油勘探开发,开拓了海外石油生产基地;石油对外贸易快速增长,形成了遍布全球的多元化石油供应渠道;建设跨国石油战略通道,构建了连接海外的油气管网格局;建设石油战略储备,形成了确保国家石油安全供应的"稳固防线";三大石油公司进入世界五百强前列,成为具有国际竞争力和影响力的跨国石油集团;民营石油企业迅速成长发展,覆盖了石油工业各个领域,成为极其重要的生力军。近现代中国石油开发的历史大致分为以下五个时期(王树勇,2012)。

　　(1)探索时期(1949 年前):1867 年,美国开始向我国出口"洋油"。随后,其他资本主义国家也开始大量向中国倾销"洋油"。在诸列强国家向我国倾销的商品中,石油产品是位列鸦片、棉纱之后的第三位大宗商品。为抵制倾销,中国奋力发展起本国的石油工业。在台湾苗栗(1878 年钻成,是中国第一口用近代钻机钻成的油井)、陕西延长(1907 年钻成"延 1 井",是中国大陆第一口近代油井)、新疆独山子钻成了近代油井。

　　能够采用机械设备钻成油井,标志着中国石油事业发展到近代石油工业阶段。19 世纪后半叶,中国近代石油工业萌芽,历经多年的艰苦历程,直到中华人民共和国成立前夕,基础仍然极其薄弱。1949 年,中国年产石油仅有 12 万 t。在 1904—1948 年,中国累计生产原油只有 278.5 万 t,而同期进口"洋油"2 800 万 t。

　　(2)发展时期(1949—1960 年):1939 年玉门老君庙油田投入开发,日产原油 10 t 左右。1949 年,苏联专家到现场主张注水开发,这是一种在苏联刚刚试验成功的水驱动理论。这种理论在中国逐渐融合成新的开发模式并试验成功,为中国注水开发油田提供了理论指引。中共中央决定以有一定开发实践基础和已发现油田的陕、甘地区为勘探开发重点区域,地质调查、地球物理勘探和钻探工作在甘肃河西走廊和陕西、四川、新疆的部分地区开展。到 1952 年底,中国原油产量达到 43.5 万 t。1959 年,玉门油田已成为包括地质、钻井、开发、炼油、机械、科研、教育等在内的初具规模的石油、天然气工业生产基地,当年生产原油 140.5 万 t,占全国原油产量的 50.9%。玉门油田在开发建设生产中取得的丰富经验,为当时和以后全国石油工业的起步和发展,奠定了基础,提供了宝贵经验。玉门油田以著名的"玉门风格",立足发展自己,放眼全国,哪里有石油就到哪里去战斗,为发展中国石油工业作出了卓越贡献。

1955 年,我国发现克拉玛依油田并投入开发,借鉴苏联油田开发的经验,系统地规划油田开发中的井网、速度、层系划分、采收率、压力保持、单井产量以及年产量,为中国油田勘探开发正规化打下坚实的基础。克拉玛依油田的勘探开发建设,极大地支援和保障了中华人民共和国成立初期的经济建设。1958 年,青海石油勘探局在冷湖 5 号构造上钻探出了日产 800 t 的高产油井,并陆续探明了冷湖 5 号、4 号、3 号油田。同一年,石油部组织川中会战,发现桂花、南充等七个油田,终结了西南地区不产石油的历史。到 20 世纪 50 年代末,我国初步形成玉门、新疆、青海、四川 4 个石油天然气基地。1959 年,我国发现大庆油田,探明其是地质储量为 20 多亿吨的世界大型油田。大庆油田陆相沉积的特点造成单油层的层数多,油层性质差异大,而早期分层注水保持油层压力的开放原则使大庆油田开发取得巨大成效。

值得关注的是,1954 年 3 月,中国著名地质学家李四光发表《从大地构造看我国的石油资源勘探远景》报告,首次将渤海湾列入中国石油勘探范围。1956 年,海南岛莺歌海渔民在海上发现油气苗,引起了国家石油化工部门的高度重视。

(3)高速发展时期(1960—1978 年):1960 年 3 月,一场关乎石油工业命运的大规模石油会战在大庆拉开了序幕。会战领导层认真总结了以往的经验教训,要求一是在勘探、开发的整个过程中,必须取全取准 20 项资料、72 项数据;二是狠抓科学试验,开辟开发试验区,进行 10 种开发方法的试验;三是抓综合研究和技术攻关。这场会战编制了科学的油田开发方案,创立了符合大庆特点的原油集输工艺流程。1963 年,全国原油产量达到 648 万 t。同年 12 月,在第二次全国人民代表大会第四次会议上,周总理庄严宣布,中国需要的石油已经可以基本自给,中国人民使用"洋油"的时代即将一去不复返了。

　　大庆石油会战取得决定性胜利以后,为继续增强我国东部地区的勘探,石油勘探队伍开始探查渤海湾地区。1964年,经中央批准在天津以南、山东东营以北的沿海地带展开华北石油会战。1965年1月,时任石油工业部副部长康世恩提出了——"上山下海"发展思路,并以渤海作为突破口,提出"要在海上建平台,勘探开发我国海洋石油"。同年2月,石油工业部干部司从大庆设计院等单位抽调10人,筹建海洋勘探室,随后又抽调4人,成立了中国第一支专门从事海洋石油开发的技术队伍。1966年,海洋勘探指挥部成立工程队和机修站,年底建成1号钻井平台(简称"海1井")并于1967年第一次获得工业性油气流,试油日产原油35.2 t,天然气1 941 m³,我国海洋石油工业时代序幕正式开启。1968年10月,在"海1井"已有成功经验指导下,"海2井"建成。然而就在投产前,因海冰的撞击"海2井"倾覆。1978年,大港油田原油年产量达到315万t;胜利油田原油年产量从1966年的约130万t,提高到近2 000万t,达到原油产量增长最快的高峰期,成为仅次于大庆的第二大油田。20世纪70年代,在渤海湾北缘的盘锦沼泽地区,石油勘探队伍在复杂的地质条件下,勘探开发了兴隆台油田、曙光油田和欢喜岭油田,总结出一套勘探开发复杂油气藏的工艺技术和方法。1978年,辽河油田原油产量达到355万t。

　　大庆油田自1976年到2002年连续27年每年稳产5 000多万t。我国在1966—1978年的13年间,原油年产量突破1亿t,以每年递增18.6%的速度增长,原油加工能力增长5倍多,保证了社会发展的需要,极大缓解了能源供应的紧张局面。1973年,我国开始对日本等国出口原油,为国家换取了大量外汇。

　　(4)稳定发展时期(1978—1998年):截至1978年12月,自渤海至莺歌海,我国共钻井124口,见到油气的有83口,占总量的将近70%。完成地震测线26万km,发现16个含气构造,5个油气田,阶段累计产油近48万t。

　　1978年1月,时任石油化学工业部副部长的孙敬文带队前往美国进行技术访问,同来自不同国家和地区的30多家石油公司进行会谈。归国途中,访问团又前往日本,对日本的造船、机械制造及炼油厂进行了考察。3月,考察团向中共中央政治局汇报并提出我国石油工业与外方合作的建议,自此,中国海洋石油工业开始踏上合作之路。此后,我国先后派出10个代表团,对美国、法国、英国、巴西、科威特、伊朗及日本等国家进行访问,邀请9个国家的23家石油公司或集团来华访问。完成了前期的访问、调研后,石油化学工业部向国务院提交了《关于赴巴西、英国、美国访问时有关海上石油合作问题谈话口径的请示报告》并得到国务院的批准,最终确认了合作模式:带风险性的分阶段的联合经营方式。为了保证对外合作的顺利进行,石油化学工业部又集中培训了第一批勘探外事合作人员,建立了油气资源评价委员会和混合委员会。在这一时期,我国引进了大量的先进经验、技术,通过区块的开放、合作开发,无论是在勘探、开发、生产建造方面还是在管理水平方面,都取得了质的飞跃。该时期从挪威引进的"南海2号"半潜式钻井平台将海洋石油钻探作业能力提高到水深 500 m,先后与 16 个国外石油公司签订了 8 个地球物理勘探协议,完成了 43 万 km^2 海域的普查,完成地震测线 55 万 km,钻探井、评价井 321 口,据统计,该阶段勘探共发现了有利含油气构造 290 个,探明石油各类储量 7.6 亿 t,累计原油产量可达 505 万 t,这些数据为以后的海上石油开发提供了有力的支撑。1983 年 12 月,中国海洋石油总公司通过招标形式分别与 9 个国家 27 家石油公司签订 18 个勘探开发合同。1987 年,我国发现了绥中 36-1 亿吨级大油田。到 1990 年,我国海洋石油年产量已经达到 126 万 t,突破了百万吨大关(杨莹,2016)[8]。

自改革开放以来,我国国民经济持续高速发展,对能源的需求急剧增加。石油产量每年有所增长,但是仍不能满足市场需求。1993 年开始,原油加成品油进口总量大于出口总量,我国又成为石油产品净进口国。"八五"期间,为了适应国民经济快速发展对能源新的、更高的要求,国家决定,石油工业实施"稳定东部,发展西部"的发展战略,1989 年开始了塔里木会战,1992 年组织了吐哈石油会战。1997 年塔里木产油 420.3 万 t,吐哈的石油产量达到 300.1 万 t,新疆(克拉玛依)油田产油 870.2 万 t。西部地区已经成为中国石油的重要基地。

为了规范各大油田的勘探开发生产活动,保护我国宝贵的油气资源及环境,我国在这一阶段先后颁布实施了《油田开发条例(草案)》《石油工业部环境保护工作试行条例》《油气田规划设计技术规定》《财政部、石油工业部关于油田维护费使用范围的规定》等多项规章制度,从法律层面推动油气行业规范健康发展(杨莹,2016)[9]。

需要特别提到的是,1982 年 2 月 8 日,中国海洋石油总公司(简称"中海油")成立,全面负责中国海洋对外合作业务,"享有在对外合作海区内进行石油勘探、开发、生产和销售的专营权"。1983 年 7 月,中国石油化工总公司成立(简称"中石化")。中国新星石油有限责任公司(中国第三家国有石油公司)也于 1997 年 1 月成立。1988 年 9 月,根据中国市场经济发展的需要,中国石油天然气总公司(简称"中石油")成立。

(5)石油工业新时期(1998 年至今):2000 年和 2001 年,中石油、中石化、中海油三大国家石油公司上市,成功进入海外资本市场,预示着我国石油工业进入了产权融合的新历史时期。

1.3 中国石油工业面临的形势与对策

随着经济发展的需要,中国的石油开发方兴未艾。2000 年之后,我国逐渐成为石油生产大国。2006 年,中国原油产量达到 1.84 亿 t,同比增长约 1.7%,居世界第五位,仅次于美国、俄罗斯、沙特阿拉伯以及伊朗四国。我国的石油资源分布比较分散,探明的油气资源陆地部分约占 76%、海域部分约占 24%。其中,海洋石油资源主要集中在渤海、南海和东海,目前,海洋石油资源发现率为 18.5%。陆地石油资源分布,东部地区约占 51%,西部地区约占 49%,而西部地区的石油资源大部分分布在沙漠、山地、高原、沼泽等复杂恶劣的地理环境中。

1993 年,中国成为石油产品的净进口国,到 2006 年我国成为仅次于美国的第二大石油消费国。我国石油进口一直处于较高水平,2018 年,中国成为全球最大石油进口国。根据国家统计局公开的数据显示,2018 年 10 月中国进口的石油约为 3.36 亿 t,同比增加了 5.9%(中国自产石油约为 1.41 亿 t)。其中,俄罗斯为中国最大的石油进口国,占到前 10 个月中国进口石油总量的约 15%;其次是沙特阿拉伯,前 10 个月,中国从沙特进口的石油占中国总进口量的约 12%;第三是非洲的安哥拉,中国从该国进口的石油占到中国总进口量的 10%;第四是伊拉克。2019 年中国原油进口总量创新高,沙特超越俄罗斯成为中国原油第一大进口国。中国石油需求量和对外依存度不断增加,虽然中国生产石油的总量较大,但远远满足不了国内需求,据国际能源署估计,到 2030 年中国石油进口比例将高达 84%,这些数据都显示了中国原油需求的剧增,供需矛盾日益显现。

就在中国石油消费快速增长、石油对外依存度迅速提高的这些年,凭借一场"页岩气革命",美国实现了能源独立,重拾称霸世界的"能源大棒"。随着美国能源和军事战略东移,亚太地区成为继中东之后新的国际石油地缘政治热点地区,美国的贸易保护主义、单边主义迅速抬头,深刻影响着现在的国际政治、经济秩序,使世界经济和能源发展面临诸多不确定因素。面对严峻的国际政治、经济形势,石油对外依存度居高不下的国家尤其是石油消费大国,必须保持足够的警惕。加快我国石油发展,保障国家能源、经济安全的责任大如天。

面对石油安全形势的严峻挑战,中国应及时采取相应的政策积极应对国内外形势,努力实现石油能源持续稳定的供给,保证社会经济的可持续发展。第一,全方位利用国外资源,努力实现油气供给多元化。由于我国的石油自给能力不足,需要利用国外的油气资源,现在利用国外油气资源的方式已从单一的购买走向参与外国石油资源的股权,建立海外石油生产基地,增加海外份额油在我国石油进口中的比例。从国外引进石油不仅要从邻国引进,还要从远处引进;不仅要从海上运输,还要从陆上管道运输。中国附近地区,如俄罗斯、中亚等地都是石油丰富的地区,应加强与邻国的合作共赢,把推动与周边国家的油气合作和加强经济互补作为促进地区经济合作的重要组成部分。实现石油供给多元化,是分散石油供应风险、保证石油安全的重要措施。第二,加强技术研发,提高本国石油勘探能力和利用效率。尽管中国主力油田已经进入中后期,但还是有大量未探明地区,具有继续保持石油产量稳定的潜力。尤其是海上和西部地区,资源潜力较大,将成为石油稳定增长的主力地区。加大对石油相关技术的研究,提高石油的燃烧率,同时,加强对石油以外的能源的研究,比如天然气、可燃冰以及可再生能源,也把节约能源放在更加突出的战略位置。第三,大力加强能源法制建设,建立石油战略储备体系。国家应加强能源立法工作,由国家控制石油储备管理权,加强对能源的监管。促进能源开发利用与管理工作的规范化和制度化,切实加强能源安全生产。借鉴西方国家的经验,建立大规模的国家石油储备,形成严格的战略运行管理制度体系,以应对可能由于不可预测的风险引起的油荒。此外,我国应加强远洋护航能力,鼓励扩大海运船队,积极参与国际性及地区性经济能源的竞争与合作。

1.4　海洋油气资源开发现状

1.4.1　世界海洋油气开发现状及趋势

经过长期的勘探开发,全球陆地上重大油气新发现的数量已越来越少,规模也越来越小。同时,在高油价刺激下,石油公司纷纷将目光转向探明程度还很低的海洋。最近十几年全球大型油气田的勘探实践表明,陆上油气资源日渐减少,60%～

70％的新增石油储量源自海洋,其中又有一半是在 500 m 以上的深海。美国地质调查局(United States Geological Survey, USGS)2013 年公布的数据显示,除美国外,世界待发现海洋石油资源约为 548 亿 t,天然气约为 78.5 万亿 m^3,分别占世界待发现油、气资源量的 47％和 46％。2000 年以来全球两个最大的油气发现:一个是位于里海的 Kashagan 油田(属哈萨克斯坦),可采储量高达 70 亿～90 亿桶,是过去 30 年全球最重大的石油发现;另一个是巴西深海盐下油藏 Tupi 油田,预计可采储量高达 50 亿～80 亿桶。海洋石油工业虽然起步晚于陆上石油,然而,就未来发展前景而言,海洋石油工业后劲十足,全球各大石油公司也早已将业务重点向海洋石油方向倾斜。有调查显示,2009—2013 年四年间,全球海洋油气开发年均投资 2 712 亿美元,较 2004—2008 年的年均投资 1 914 亿美元增幅超过 40％(杨莹,2016)[5]。

深水区域蕴藏着丰富的油气资源。全球范围内,海上油气资源有 44％分布在水深 300 m 以上的水域,已于深水区发现了 33 个储量超过 8 000 万 m^3 的大型油气田;此外,深水区域具有丰富的天然气水合物资源,全球天然气水合物的资源总量(含碳量)相当于全世界已知煤炭、石油和天然气等总含碳量的两倍,其中海洋天然气水合物的资源量是陆地冻土带的 100 倍以上。到 2004 年末,全世界已有 124 个地区直接或间接发现了天然气水合物,其中海洋有 84 处,且通过海底钻探已成功地在 20 多处取得天然气水合物岩心;同时,在陆上天然气水合物试采已获得成功。

海洋石油勘探最主要的手段是人工地震勘探。勘探无法使用经纬仪,必须应用先进的导航定位系统,通常使用的是精确度极高的卫星导航定位技术(GPS),利用人造地球卫星发射出的电磁波来确定所处位置的经纬度。该技术具有覆盖面广、24 小时运作、精确度高等诸多优点。就开发手段和技术水平而言,20 世纪 40 年代之前,主要采用土木工程技术建造木结构平台和人工岛,但这种采油方式只能应用在近岸和内湖,作业水深一般低于 10 m。五六十年代,海洋油气勘探开发技术迅速发展,出现了移动式钻井装置、浮式生产系统及海底生产系统,作业海域范围不断扩大,开始向大陆架以外延伸,作业水深超过 200 m。七八十年代,随着平台和钻井技术的发展,海洋油气勘探开发范围进一步扩大,作业水深超过 500 m,成功开发了北海和墨西哥湾大陆架深水区油气资源。90 年代,成功解决了温带海域油气开采面临的钻井、采油、集输和存储等技术问题,而且高寒水域的平台和管线技术难题也取得突破,作业水深不断刷新(1999 年已近 2 000 m),作业范围从北海、墨西哥湾等传统地区扩展到西非、南美及澳大利亚大陆架等海域。2002 年海上油气开采的作业水深已经达到了

3 000 m,深水油气开发成绩显著,储量和产量快速增加。深水油气开发正在成为世界石油工业的主要增长点和科技创新的前沿。

随着海上油气开发的不断发展,海洋石油工程技术发生着日新月异的变化。在深水油气田开发中,传统的导管架平台和重力式平台正逐步被深水浮式平台和水下生产系统所代替,深水平台的设计、建造技术不断完善。目前,全世界已有 2 300 多套水下生产设施、200 多座深水平台运行在全世界各大海域,张力腿平台(TLP)最大工作水深已达到 1 434 m、SPAR 为 2 073 m、浮式生产储油装置(FPSO)为 1 900 m、多功能半潜式平台为 1 920 m 以上、水下作业机器人(ROV)超过 3 000 m,采用水下生产技术开发的油气田最大水深为 2 192 m,最大钻探水深为 3 095 m。与此同时,深水钻井装备和铺管作业技术也得到迅速发展,全世界已有 14 艘在役钻探设施具备进行 3 000 m 水深钻探作业的能力。第 6 代深水钻井船的工作水深将达到 3 658 m,钻井深度可达到 1.1 万 m;深水起重铺管船的起重能力达到 1.4 万 t,水下焊接深度为 400 m,水下维修深度为 2 000 m,深水铺管长度达到 1.2 万 km。

60 多年来,全球海洋油气的产量在逐年增加。1950 年海洋石油产量仅 0.3 亿 t,2008 年已达 13.75 亿 t。1950 年海洋石油产量仅占世界石油总产量的 5.5%,2008 年已达 35%。1992 年海洋天然气产量仅占世界天然气总产量的 18.9%,2008 年则达到 30%。海洋油气的勘探和开发具有高投入、高回报的特点。海洋油气的开发价值主要由供求关系、开发成本和油价等因素决定。据《中国石化报》2019 年 7 月 12 日的"全球油气分布、开发和主要产区"专题报道,全球共发现海域常规油气田 4 311 个,在产海域常规油气田 1 175 个,技术剩余可采储量为 1 117 亿 t 油当量,占全球油气技术剩余可采储量的 29%。当前,海域油气产量为 22.24 亿 t 当量,占全球油气总产量的 29.45%。海域原油经济剩余可采储量为 305.7 亿 t,占全球海域油气经济剩余可采储量的 50.6%,主要分布在波斯湾、巴西东部海域、几内亚湾、墨西哥湾、北海等。目前海域油气生产以浅水为主,浅水油气产量占海域油气总产量的 79%,未来,油气生产将向深水、超深水转移,预计 2035 年深水、超深水油气产量将占海域油气总产量的 37%。海上油田将成为油气资源开发的重点区域。

(1.4.2) 中国海洋石油发展现状

我国的海洋石油开发起步于 20 世纪 60 年代:1966 年在渤海湾建起了第一座固定式钻井平台,我国海上油田的开发活动自此展开(蔡守秋 等,2001)。随着我国离岸海洋石油开采技术的提高,对近海石油的开采范围也在不断扩大(竺效,2007)。

　　1984年,经过前期与外方的深度合作,我国积累了一定的技术、管理经验,资金方面也有了较深厚的积累,无论是人力、财力还是物力,已经初步具备自营的条件,由此,我国海洋石油工业开始尝试自营模式。为了能够有效利用资源,渤海油气区开始尝试开辟第一个自营区——辽东湾。1988年5月,中共中央政治局明确提出"自行勘察开发与对外合作并举"的发展战略。1989年1月,以"半海半陆式"为海上生产系统的锦州20-2自营项目ODP获得能源部的批准,1992年11月一期工程结束,正式开启了该海域"半海半陆式"海上生产系统模式。1989年5月,绥中36-1油田试验区项目开发项目ODP获得能源部批准,1993年9月投产。不同于锦州20-2项目的"半海半陆式"生产系统,该项目采用了"全海式"生产系统。据统计,在此自营开发阶段,仅渤海油气区就建成平台16座,重冰区浮式生产储油装置及系泊系统1套,铺设14条海底管道、6条海底电缆,建成2座陆上终端。在勘探方面,1988年发现中国第一个浅海大油田——胜利埕岛油田,1992年到1993年,在渤海油气区先后发现了歧口18-1、歧口17-2油田。通过合作和自营并举的发展方式,中国海洋石油人逐步掌握了海上油气评价、开采技术,自营油田的年产油量占比从合作初期的5％提高到25％。为了能够满足国家石油能源的缺口,仅渤海油田从2003年至2010年就将油气量从年产900万t迅速提高到3 000万t,建成93座固定平台、4套浮式生产储油装置、1座移动采油平台和3座陆上终端。到2010年,仅中海油一家公司就实现了内海年产5 000万t的目标。我国海洋石油工业走过了一段不算漫长却足够艰苦的发展之路,年产量从最初的9万t,提高到1亿t,为国民经济持续稳定发展和国家油气安全提供了有力保障;开发水深从最初的平均水深20m扩展到现在的3 000 m超深水;平台建造工程水平也有了跨越式的提高。我国海洋石油工业,随着国内经济发展的大潮,从"人拉肩扛"到全方位开放再到合作、自营两条腿走路,目前,不仅在国内发展成果突出,在国外通过购买外国石油公司、合作开发国外区块等形式,不断提高我国海洋石油产量,在合作中,不断探索、实践建造、生产等技术,管理模式也不断更新,在不到百年的发展历程中,取得的成绩是举世瞩目的(杨莹,2016)[12]。

1.5 渤海油田的开发及溢油污染形势

1.5.1 渤海海洋油气业的发展

我国的海洋油气资源也十分丰富。中国近海发育了一系列沉积盆地,总面积达百万平方千米,具有丰富的油气资源。这些沉积盆地自北向南包括渤海盆地、北黄海盆地、南黄海盆地、东海盆地、冲绳海槽盆地、台西盆地、台西南盆地、台东盆地、珠江口盆地、北部湾盆地、莺歌海-琼东南盆地、南海南部诸盆地等。根据第三次全国油气资源评价结果,中国石油远景资源量约为 1 070 亿 t,其中海洋石油资源量为 246 亿 t,占全国石油资源总量的 23%。海洋油气资源主要集中在渤海、珠江口、琼东南、莺歌海、北部湾和东海 6 个含油气盆地。目前海洋石油探明量 30 亿 t,探明率 12.3%,海洋资源勘探开发潜力巨大(国家海洋局海洋发展战略研究所课题组,2015)。

目前我国海洋油气开发主要集中在近海,尤其在渤海的石油开发已粗具规模。渤海是一个蕴藏着丰富油气资源的沉积盆地。在渤海海域内发育了 10 个隆起带、14 个构造带和 230 个局部构造,同时发育了各种类型的沉积砂岩体,具备了油气生成、运移聚集的有利环境,在古生界、中生界和新生界地层中均含有石油。渤海沉积盆地的生油凹陷面积大,有效勘探面积为 5.3 万 km²,其中仅新生界生油岩层即厚达 3 200 m,生油岩体约 2.4 万 km²。2000 年渤海的预测资源量是 97 亿 t(王志远 等,2005)。

渤海滩海地区已成为我国海洋油气开发的重要组成部分,如胜利油田、大港油田和辽河油田都成立了相应的石油公司,以加强滩涂和浅海石油的开发。这部分石油的开发方式是充分利用地形地貌特征,对近岸部分多采用进海路直接建至井场开采,稍远的海域采用设立海上钻井平台,将油气通过管道输送到陆地的方式(刘容子,2012)。

1.5.2 渤海油气田的分布

渤海首先勘探开发了辽河、冀东、大港和胜利油田等,经过多年的勘探,具有一定储量的海上油气田不断被发现,形成了油田产业群,包括绥中油田、渤西区块、锦州9-3、秦皇岛、南堡油田和渤南区块等,探明储量超过20亿t,1995—2001年年底新发现的秦皇岛32-6、南堡35-2、曹妃甸11-1和11-2、锦州9-3、旅大37-2、渤中25-1、蓬莱25-6和19-3等9个大油田,均为亿吨级的大油田。至2008年渤海油气产量占我国海上石油产量的一半以上,已开发海上油田17个,海上平台(储油装置)184座(艘),总井数1 350口(1 094口采油井,212口注水井,44口水源井)。至2017年,渤海湾盆地产出原油6 907万t,占全国总产量(1.92亿t)的36%(岳来群 等,2018)[170]。

1.5.3 渤海面临的溢油污染形势

随着油气勘探开发强度的增大,溢油污染事故对海洋生态环境的影响也逐渐增大。全球遭受重大溢油污染的事故时有发生,溢油污染已成为全球关注的环境问题。据统计,1960—2001年,世界范围内海上共发生溢油量超过5 000 t的大型溢油事故175起,其中灾难性事故64起。主要来源于船舶运输和海上石油开采,分别占63.9%和23%,发生次数分别占77.7%和18.4%。平台溢油虽没有船舶溢油事故发生的频繁,但因发生在石油开采与储藏相对集中的地区,溢油量一般较大。1979年6月3日,美国墨西哥湾"伊斯塔克1号"油井发生爆炸,9个月内共有200多万吨原油喷入海中;英国北海有4 000千米长的海底油气管线,经常发生管线破裂事故;2001年3月15日,巴西石油公司在里约热内卢州坎普斯湾海上油田作业的P-36号石油平台连续发生爆炸,造成巨大经济损失。

我国海洋石油产业的发展一方面为我国经济社会的发展提供了巨大的动力,另一方面也对海洋环境带来了不容忽视的溢油风险。1998年12月3日,渤海埕岛油田CB6A-5油井发生倒塌,油井底部套管破裂,造成历时半年的重大原油泄漏事故,溢油面积达250 km²。这次事故,无论是持续时间还是溢油量均是历史上所罕见的。溢油迅速扩散,大量油块堆积在海滩,使滩涂资源受到污染,加之大量喷洒消油剂,使盐业、养殖业以及自然资源等受到严重的损害。"十五"期间,在渤海查处的船舶违章排污和事故性溢油事故67起,溢油总量248.3 t,其中重大溢油事故16起,占到全国溢油事故总数的46%。2006年初在渤海就相继发生了两次重大溢油事故,一次是 2006 年 2 月山东长岛海域发现大面积的原油污染,该县所属各岛屿岸滩发现许多黑色原油块,造成当地养殖的栉孔扇贝、贻贝、海参等海珍品大量死亡,严重损害了当地经济。在其后的两个月内,同样的油块在河北、天津等地的海滩也被发现,油污范围几乎遍布整个渤海,给海洋环境、养殖业和旅游业造成巨大损害。另一次是 2006 年 3 月 12 日,埕岛油田"中心一号"平台至海三站海底输油管道发生溢油事故,初步估计泄漏原油 500 t,溢油面积最大时为 300 余 km²。此次溢油先后影响到山东省、河北省、天津市部分海域和岸线,造成海洋生态破坏,给当地渔业生产和养殖带来损害,产生严重的社会影响。仅从 2006 年至 2010 年间,我国共发生溢油污染事故 41 起,其中发生在渤海的事故有 19 起,发生在南海的事故有 22 起(韩立新,2011)。2011 年爆发的渤海康菲公司石油泄漏事故更是为社会所普遍关注。

针对渤海不断出现的油污事件,现有的法律法规,预警措施、应急管理机制、油污治理方法、损害评估模式等受到了极大的挑战。法律法规亟待完善,预警监控技术有待提高,应急能力和油污治理技术有待增强,环境损害评估的技术和方法及法律依据需要跟进。以上问题给海洋执法检查工作、海洋环境保护、环境损害索赔工作带来了巨大的困难。例如,2006 年的长岛海域油污染事件,由于不具备对重点目标的实时监控能力,未能及时发现溢油,虽然投入了大量的精力、财力、物力,采用了溢油动力溯源和油指纹分析等手段证实,但是耗时较长,使得溢油应急的相关单位和部门非常被动。

2

>>> 渤海环境特征

渤海是我国的内海,在自然地理中属于典型的半封闭型内海。渤海位于37°07′~41°0′N,117°35′~121°10′E,以山东半岛、辽东半岛间的庙岛群岛与黄海分隔,形成半封闭海域,毗邻辽宁、山东、河北和天津三省一市。主要由五部分组成:东北部的辽东湾、西部的渤海湾、南部的莱州湾、中部的浅海盆地和渤海海峡。从辽东半岛的老铁山到山东半岛北岸的蓬莱遥相呼应形成渤海海峡,渤海通过渤海海峡与黄海相通(左其华 等,2014)。渤海海底多为泥沙和软泥质,地势由三湾向渤海海峡呈倾斜态势,而它与外海连通的渤海海峡最窄处约100 km,这相对于它550 km的南北跨度、346 km的东西宽,实在是过于狭小,从而一定程度上导致了它缓慢的内外水交换过程(宋朋远,2013)。渤海海域内有黄河、海河、滦河、辽河等多条河流入海。

据2018年7月底数据,渤海海域有4个油气探矿区与大连斑海豹、黄河三角洲等国家级自然保护区重叠,重叠面积2 357 km²;有两个油气采矿区与省级自然保护区重叠,重叠面积89.48 km²。除自然保护区等外,渤海海域油气探矿区亦与多处港口航运区、海上风电场、养殖区等其他用海功能区等重叠(岳来群等,2018)[170]。因此,掌握渤海区域的环境特征对油田开发过程中可能出现的溢油事故的防治极其重要。

2.1 渤海海区自然环境[①]

气象

2.1.1.1 气温

渤海海区气温除具有纬度差异外,又具有海陆之间的温差,变化比较和缓,由南向北和由西向东递减,平均气温 10.7 ℃,2 月份气温通常为 -6 ℃~0 ℃,8月份可达 21 ℃,夏季整个海区海水温度均在 28 ℃以下,海面上的气温不高,只有海面上较长时间吹来陆风时,沿岸海面的气温才会升高到 30 ℃~35 ℃。冬季则由于强劲的冷空气的侵袭,气温可降到 -10 ℃~15 ℃。

2.1.1.2 风况

渤海海区具有明显的季风特征,冬季风自 10 月盛行到来年 3 月,盛行期约6 个月,主要是偏北风,其中又以西北风为主,风向稳定,风力较强;夏季风的盛行期为 5~8 月,7、8 月为夏季风的极盛时期,风向偏南,以东南风为主,风向不很稳定,风力较弱,由于地理条件的原因,东南季风的特征不甚明显。冬、夏季风期之间各有一个过渡期,由冬到夏的过渡期稍长,由夏到冬的转变则比较快。渤海海区的风力是北部海域大于南部海域,远海大于沿岸,这是由气压梯度和海陆摩擦力的差异造成的。从季节分布看,冬季风力最大,尤以 1 月为甚,月平均风力达 5 级,春季次之,夏季最小,秋季又逐渐增大。从地理位置分布看,渤海海峡风力较大,而西部沿岸较小。辽东湾风力全年以春季最大,但全年最大值出现在11 月,风力一般为 4~5 级;夏季较小,8 月风力一般为 3 级。渤海西岸风力以春季最大,尤以 4 月为甚,一般为 3~4 级,冬季次之,夏季 8 月最小,风力一般为 3级。长兴岛、渤海海峡风力以秋末和冬季最大,风力一般为 4~5 级,春季次之,夏季最小,风力为 2~3 级。

通常在年或月最大风速出现的时候,就形成大风天气,但我们这里所谓的大

---

① 本章气象、水文的数据引自《渤海船舶定线制的研究》(梁勤华,2008)。

风是指瞬时风速≥17 m/s(风力达 8 级以上)的风,是渤海的灾害性天气。它的形成与寒潮、台风、气旋、反气旋和龙卷等天气过程及当地地形条件有关。渤海沿岸的年平均大风日数,仍以渤海海峡至龙口一带为较多,但不同的是,辽东湾西北部大风日数最多(达 153 天),东岸则远少于西北岸,如鲅鱼圈和长兴岛仅分别为 45 天和 34 天;8 级以上大风日数年平均可达 60 天,6 级风以上大风日数平均在 100 天左右。从季节上看,四季都有出现,而以冬季强度最大,春季次数最多。北向和南向大风较多,偏东大风有时出现。冬季大风多而稳定,持续时间也长。春季偏南和偏北大风相互交替出现,周期性明显,一般为 6~8 级,持续时间不长。夏季大风较少,一般是台风和气旋波造成的,雷阵大雨也常出现,但范围小,持续时间短暂,旋即消失。据 30 年资料统计,6 月份渤海只出现过一次台风,7 月台风出现次数最多,8 月也可能遭到台风袭击,而 9 月以后台风很少袭击本海区。秋季大风逐渐增多,一般一次冷空气南下会出现一次北向大风,南向大风较少。从地区分布上看,渤海海峡为有名的大风地带,在同一天气系统的影响下,风力比其他地区大 1~2 级。

台风一般对渤海的影响较小,据统计自 1949—1969 年在山东、辽宁登陆可能波及渤海的台风次数,仅占同期全国登陆次数的 4.47%。但个别台风,例如 1972 年 7 月 26 日第 3 号台风,穿过山东半岛进入渤海,转而向西在塘沽附近登陆,从而导致渤海海峡附近出现 22 m/s 以上的大风,塘沽、秦皇岛、藏锚湾直至鲅鱼圈几乎整个渤海沿岸均出现 8 级东北或东南、南向大风,造成一定的伤害。

2.1.1.3 雾况

海雾是影响渤海海区能见度的主要因素。3—7 月为雾季,海雾开始出现于 3 月,个别年份 2 月也有出现,以后逐渐增多,6、7 月份最多。渤海海区雾日一般为 20~24 天。

2.1.1.4 降水

渤海海区年降水量约为 500 mm,全年少于 90 天。按地理分布,大致是由北向南,由西向东,逐渐增多,南部多于北部。按季节分布,冬季降水量小,春、秋次之,夏季最大,可占全年的 50% 以上。尤以 7、8 月降水量最大,一年中有 2~3 次暴雨过程。冬季北部多阵雪,渤海海峡附近降雪较多。

2.1.1.5 湿度

本海区湿度分布的基本特征是:沿岸小于海上,等值线呈平行于海岸线的闭合分布。多年平均相对湿度为 66%,夏季最高,7、8 月份可达 80%;冬季最低,1 月份仅为 55%;春、秋季相对湿度介于冬、夏之间。

2.1.1.6 雷暴

渤海海区雷暴一般始于 3 月,以后逐渐增多,7—8 月达到最多,以后慢慢减少,终于 12 月。渤海沿岸年雷暴日一般为 20～25 天。

2.1.2 水文

2.1.2.1 潮汐

渤海潮汐主要是由太平洋传入的潮波引起的,而天体引潮力直接引起的独立潮相对很小。渤海海区的潮汐,由于受太平洋潮波的影响,形成左旋潮汐系统,潮波向左旋转一周约 12 小时。太平洋潮波通过渤海海峡进入渤海后,分为两支完整的潮波系统:一支向东北,经辽东湾形成北渤海潮波系统,其中心在秦皇岛外。另一支向西,经渤海湾形成南渤海潮波系统,其中心在黄河口外。起主要作用的是 M_2 分潮和 K_1 分潮。半日潮波(M_2 分潮为例)在渤海内共形成两个无潮点,分别位于秦皇岛外海和黄河口附近;在北黄海形成一个无潮点,位于山东高角外海。无潮点均为海湾的地理形态所形成。日潮波(K_1 分潮为例)在渤海和北黄海形成一个无潮点,位于渤海海峡。渤海中,只有秦皇岛和黄河口附近为正规全日潮,其外围环状区域为不正规全日潮,此外的大部分海区为不正规半日潮。

潮波进入渤海后,受到渤海曲折海岸线和复杂的海底地形的影响,潮汐发生了急剧的变化,不仅潮时、潮高差异悬殊,而且潮汐性质也产生了变化。

渤海因为水深较浅,沿岸多河流、港湾和岛屿,所以潮汐情况较为复杂,自辽东半岛的南端至辽东湾西岸的团山角、渤海湾的大清河口至塘沽、大口河口至莱州湾的龙口等沿岸均属不正规半日潮;娘娘庙附近、大清河至人造河口等沿岸为不正规日潮;新立屯至秦皇岛港沿岸为正规日潮。塘沽以南至大口河口、龙口至蓬莱等沿岸为正规半日潮。个别地区受地形影响,如龙口港外浅滩大、坡变缓,当冬季遇东北强风时,使低潮延迟了 3～4 小时,故有类似一日潮的现象。由于受港湾、岛屿的影响,渤海海区的潮差变化也比较复杂。在秦皇岛以东和黄河口东北,形成了两个无潮点,潮差很小,但愈向外潮差愈大。以辽东湾沿岸的平均潮差最大,例如营口为 2.5 m,葫芦岛 2.1 m;渤海湾次之,如塘沽为 2.5 m,其余沿岸均小于 2.0 m,秦皇岛和龙口分别为 0.8 m 和 0.9 m。

2.1.2.2 潮流

渤海由于水浅、海流弱,潮流的作用就显得很重要,一般在近岸及海峡、水道、港湾等狭窄处,因受地形限制多为往复流。而外海,则多为回转流。流速一般为 1～2 节,葫芦岛、秦皇岛附近为 2.5～3 节,而老铁山附近最大流速近岸可达 6.25 节。最大可能潮流流速(节)分布图如图 2-1 所示。

图 2-1　最大可能潮流流速(节)分布图

2.1.2.3 海流

渤海海区的海流,除了表层因受风的影响而形成的风生流外,还有由沿岸流和暖流两个系统组成的环流。风生流流速平均为风速的 2.5%,冬季强夏季弱,流向为风吹去的方向偏右 15°～20°。风影响深度一般为 10 m,最大为 30 m。渤海海峡在稳定的情况下,终年有北进南出的环流,流速夏强冬弱。入渤海后,因受地形影响,又分为二支流,一支右转入辽东湾,一支左转入渤海湾,构成渤海环流。其中辽东湾环流不稳定,其趋势随季风和河川的流量而变;渤海湾的环流则比较稳定,并与渤海南部沿岸流构成渤海南环流。

2.1.2.4 海浪

渤海沿岸,由于风区长度较短,水深较浅,冬季结冰,其波高均较海峡地区为小。莱州湾东岸 4～12 月的平均波高为 0.6 m,平均周期 2.8 s;渤海湾 8～11 月平均波高为 0.4 m;辽东湾西岸 4～11 月的波高和平均周期分别为 0.7 m 和 3.0 s;辽东湾东岸 4～10 月的波高和平均周期则为 0.3 m 和 1.7 s。渤海沿岸的波高分布是与风速分布一致的,即除海峡附近为最大处外,辽东湾西岸和莱州湾东岸较大,渤海湾岸次之,辽东湾顶和东岸最小。因此,如以平均波高及其所导致的沿岸输沙强度的大小来划分海岸的等级,则可以认为,渤海东部海峡一带系属于极高能海岸,其海浪沿岸年输沙能力在 100 万 m³ 以上,海岸受到剧烈的冲刷或侵蚀;辽东湾西南岸及莱州湾东北岸属中能海岸,波浪年输沙能力在 30 万～40 万 m³ 之间,滦河口外发育的一系列沙洲即是明证;渤海湾和辽东湾顶及其东部沿岸属于低能海岸,其海浪沿岸输沙能力为 15 万 m³。

渤海海区的波浪,主要受季风影响,冬季较大,夏季较小;风浪为主,涌浪次之;浪的波长和周期较短。1 月,以西北浪为主,其浪向频率约为 30%,也是大浪频率全年出现最大值的月份,约为 25%。4 月,偏南浪增多,大浪频率在 25% 以下。7 月,以东南浪为主,大浪频率在渤海西部海区小于 5%。10 月,出现 30%～40% 的偏北浪,大浪频率增强到 20% 以上。五级以上的大浪,在冬季多由寒潮所造成,夏季多由台风所造成,春季多由气旋波动所造成。

2.1.2.5 风暴潮

我国沿海在寒潮大风和台风的袭击下,常导致海面的异常升降,有的港湾增水达 1 m,甚至 3 m 以上,通常成为风暴潮。

渤海湾和莱州湾沿岸是我国风暴潮严重的地区。据不完全统计,渤海湾在 1949 年前的 400 年间曾发生较大风暴潮灾 30 多次,其中以 1895 年 4 月 28 日至 29 日的潮灾最为严重。莱州湾风暴潮主要集中在春、秋两季,塘沽主要发生在冬末和春、秋两季,夏季出现次数较少;辽东湾东部沿岸,历史上也曾受过风暴潮的袭击,但其严重程度和多发性均远不及莱州湾和渤海湾。

2.1.2.6 海冰

渤海在冬季频繁受到强寒潮侵袭,出现大面积结冰现象,据有关资料统计渤海冰期为 3 个多月。每年自 12 月前后开始,渤海沿岸开始结冰;翌年 3 月左右海冰逐渐消失。渤海河口及滩涂区域多分布有堆积冰,厚度较厚;在距离海岸 20～40 km 的海域,具有较多流冰,平均流速约为 50 cm/s。渤海从 11 月中、下旬至 12 月上、中旬,由北向南逐渐结冰,持续到来年 2 月下旬或 3 月上、中旬,然后开始融化,逐渐消失,冰期 2～4 个月。1 月至 2 月上、中旬为盛冰期。

本海区的海冰主要出现在辽东湾、渤海湾和莱州湾,渤海中部和渤海海峡通常无冰。北部重,南部轻,岸边尤其是河口和浅滩处重,深水区和外海轻,整个渤海以辽东湾的冰期最长,冰情最严重,其次是渤海湾,再次是莱州湾。辽东湾通常在 11 月中、下旬,最晚 12 月中旬见初冰,次年 3 月上、中旬,最晚到下旬终冰。冰期一般为 100～120 天。渤海湾沿岸的初冰出现于 12 月上、中旬,终冰在次年 2 月中、下旬。冰期一般为 60～80 天。沿岸固定冰宽度 200～2 000 m,浅滩地区如曹妃甸滩一带可达 3～4 km,冰厚 10～20 cm,以堆积冰块为主。渤海湾沿岸的流冰范围,通常为距岸 5～10 n mile,大致沿 10～15 m 等深线分布,冰厚

10～20 cm。莱州湾沿岸的初冰一般在 12 月中、下旬,终冰于次年 2 月上、中旬,冰期一般为 40～60 天,沿岸固定冰宽 1 000～5 000 m,黄河口附近为 3 000～8 000 m,小清河口以北宽度为 2 000～5 000 m,冰厚 10～30 cm,以堆积冰块为主。莱州湾沿岸的流冰范围,大致沿 5 m 等深线分布,距岸 5～12 n mile,冰厚 5～10 cm,流冰漂移速度一般为 30～50 cm/s。

(1) 常冰年冰情(图 2-2):2000 年 1 月 19 日至 1 月 24 日,渤海南部、渤海湾、渤海北部、曹妃甸至京塘港、大连至大鹿岛沿岸海域均有海冰分布,其中京塘港至塘沽沿岸海域冰情有所加重。京塘港至塘沽沿岸海域浮冰外缘线距陆地最大距离为 35 km,冰型以灰白冰(Gw)、冰皮(R)、莲叶冰(P)为主。

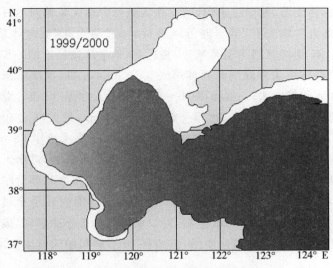

图 2-2　1999—2000 年冬季渤海和黄海北部冰情示意图

(2) 殊年份冰情即异常年份冰情,一般指重冰年和轻冰年两种情况。另外,还包括冰灾发生较严重的年份。根据有关资料分析,20 世纪渤海重冰年出现过 6 次,分别是 1936 年、1947 年、1957 年、1968 年(4.5 级)、1969 年和 1977 年(4.5 级)。其中,冰情最严重的年份是 1936 年、1947 年和 1969 年(5 级);20 世纪渤海偏重冰年出现过 8 次。分别是 1953 年(4 级)、1956 年(4 级)、1963 年(3.5 级)、1964 年(3.5 级)、1971 年(4 级)、1980 年(3.5 级)、1985 年(4 级)和 2001 年(4 级);20 世纪渤海轻冰年份有 1935 年、1941 年、1954 年、1973 年和 1995 年。
① 1936 年 1 至 2 月,渤海发生了严重冰封,渤海湾、辽东湾和莱州湾几乎所有海面被海冰所覆盖,浮冰外缘线接近渤海中部。据当时《海河年报》报道:"今冬之酷寒不仅为本航道多年所未见,恐也为将来所罕见,结冰之严重,实打破撞凌船维持冬航以来记录。因冬季严寒,渤海结成广大冰田,有时渤海湾结冰至老铁山

角。"② 1969 年 2 至 3 月,渤海发生了历史罕见的特大冰封,渤海几乎全被海冰所覆盖,见示意图 2-3。冰封期间渤海可分为四个冰区,即厚冰堆积区、平整冰堆积区、厚冰堆积带和碎冰区。南堡海域处于厚冰堆积区,冰厚一般为 50～70 cm,最大可达 100 cm;海面堆积现象处处可见,堆积高度一般为 2 m 左右,最大达 5 m 左右,冰质坚硬。由于渤海冰封,使得进出塘沽、秦皇岛、葫芦岛、营口和龙口等港口的客货轮全部受阻,整个海上交通运输及生产活动全部瘫痪。另外,海冰还夹走塘沽港航道上的所有灯标,推倒回淤观测平台,割断"海 1 井"石油平台钢柱拉筋,推毁"海 2 井"石油平台。据不完全统计,冰封期间,进出天津塘沽港的 123 艘客货轮中,有 58 艘被海冰夹住,只能随冰漂移,其中有的搁浅,有的受海冰挤压船体变形,舱室进水;有的在冰区航行中螺旋桨被海冰打坏而被困海上,例如"若岛丸""娜支春"等 5 艘万吨级货轮。"瑞明丸"被海冰挤压,前舱进水。③ 2001 年,渤海冰情为偏重冰年,是近 20 年来冰情最重的一年。冰情严重期间,渤海湾浮冰最大外缘线距西部湾底 35 n mile 左右,浮冰以灰冰和冰皮为主,间有莲叶冰和灰白冰;一般冰厚 10～20 cm,最大冰厚 35 cm;南堡海域沿岸固定冰最大宽度达 2 km 以上,冰厚一般为 20～30 cm,最大可达 40 cm;浮冰以灰冰和冰皮为主,间有莲叶冰和灰白冰;浮冰最大外缘线离岸 28 n mile 左右。与此同时,位于冰区的渤海海上石油平台受到浮冰严重威胁,进出天津港的船舶航行困难,海上作业船舶受到海冰围困而影响施工;辽东湾北部沿岸港口基本处于封港状态,秦皇岛港区冰情更为严重,38 n mile 范围内几乎全被 20～40 cm 的冰层封住,最大冰厚为 100 cm 左右,港口航道灯标被浮冰破坏,港内外数十艘船舶被海冰围困,一度造成航运中断,锚地有 40 多艘船舶因流冰作用走锚。

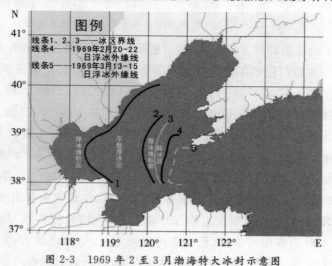

图 2-3　1969 年 2 至 3 月渤海特大冰封示意图

2.1.3 地质

渤海位于新华夏构造第二沉降带内。营口隆起带、华北拗陷区、鲁西隆起区及郯庐断裂带交会地区,就其大地构造性质而言,与华北拗陷区基本一致,只是在第三纪以后,海陆的变迁才使它们有了差异。北东向构造是渤海最显著的构造特征,构成了渤海的基本构造格局。渤海的断裂基本上有北北东向、北东东向和北西向三组。北北东向断裂以郯庐断裂带、沧州断裂带为代表,在辽东湾及渤海东部广泛发育。北东东向断裂以北塘—乐亭断裂带、济河—广饶断裂带为代表,在渤海的南部与中部及乐亭以南的海域都有广泛的发育。根据反射地震资料,它们都是正断层,在渤海南部断层面倾向北,乐亭南海域断层面向南倾,都向渤海中部逐次跌降。北西向断层分布在渤海中部,属山东半岛北海岸断裂与唐山北西向断裂的延伸,具有张性的特征。这组断裂与山东北部及京津唐地震活动有密切关系,地震或沿此断裂或在此组断裂与北北东向断裂交汇处产生。老铁山水道也有可能是此组断裂活动的结果。此外,在渤海西部受鲁西旋转构造的影响,鲁西旋转构造与渤海北东东向构造斜接或重接,出现了向北凸出的弧形断裂(中国科学院海洋研究所海洋地质研究室,1985)。

2.1.4 地形地貌

2.1.4.1 渤海形成与演化简史

渤海的形成在地质史上经历了陆地—湖泊—海的沧桑演变。渤海是一个近似封闭的海域,其水文物理等诸方面受陆地影响很大,如辽河、滦河、海河、黄河等河流入海带来的泥沙不断沉积,影响海底和海岸地形地貌形态。大量泥沙的堆积使渤海深度逐渐变浅,平均水深 18 m,全海区 50% 水深不到 20 m,只有辽东半岛南端有一水深约 60 m 的冲刷沟槽。

渤海的基底以郯庐断裂带的渤海延伸段—营潍断裂带为界,分为东、西两个部分。断裂带以东的基底与胶辽相似,以太古代和早元古代的结晶片岩和片麻岩组成。断裂带以西为渤海的主体部分,基底与燕山和鲁西地区的太古界和元古界结晶变质基底相同,为一套变质程度较深、混合岩化普遍的混合岩、片麻岩、变粒岩组成的太古界,及变质程度中等、混合岩化作用不普遍的片岩、片麻岩、石英岩、板岩、千枚岩组成的早元古界地层。区域基底构造研究表明,渤海构造发展与华北地台有相当的一致性。五台运动(22 亿年±)使太古界产生东西向为主的褶皱、断裂,并伴有花岗岩类的侵入。吕梁运动(18.5 亿年±)使下元古界产生北东—北北东向为主的断裂构造,并加深了下伏地层的变质程度。吕梁运动最终形成了包括渤海在内的华北地台的统一变质结晶基底。

中生代以来,渤海周围大部分地区上升隆起,而渤海地区则相对下沉。新生代是渤海盆地发展的全盛时期,在中生代的基础上继续下降,形成受北东—北北东向断裂控制的裂谷盆地;在整体下降的基础上又伴随有差异运动,内部形成四个次一级的坳陷:莱州湾坳陷沉积较薄,仅 4 980 m;辽东湾坳陷沉积厚约 5 200 m;渤海湾坳陷沉积厚约 6 270 m;沉积最厚的为渤中坳陷,厚达 7 000 m以上。老第三纪早期渤海为地壳不均匀下沉所形成的低地和湖泊,沉积物主要为陆相,但其中也有一些湖泊与海沟通。老第三纪中期(沙河街组),沉积环境不稳定,有多次玄武岩溢流,沉积差异也较大。老第三纪晚期(东营组),渤海呈湖泊环境,有河流作用。喜马拉雅运动结束了早第三纪隆坳差异不均衡的局面,晚第三纪逐渐形成统一的稳定下沉的大坳陷,沉积中心迁移至渤海中部的渤中坳陷。古渤海就在这一时期形成,形成时间可能起始于距今 226 万年。

古渤海形成之后,就变成了世界洋盆的一部分,海水进退要受全球性的气候变化、全球性的洋面变动所控制。证据表明,古渤海自更新世初期形成以后,其基本轮廓大体上的范围与今日渤海十分相似,一直到中更新世末,始终保持相对稳定状态。晚更新世以来古渤海受全球性气候的影响曾发生过四次海侵。里斯—玉木间冰期发生海侵达到渤海湾西岸的沧州称沧州海侵,距今 10.8 万年。经过了大约 5 000 年的冷期以后,海水又再次入侵,世界气候进入了玉木冰期中第一亚间冰期阶段。这次海侵范围小,没有越过现代渤海的范围,故称为渤海海侵。渤海海侵大约持续了 1.15 万年,又进入了玉木冰期的第二个冷期,海水再度退出渤海。从距今 3.9 万年开始,又进入了玉木冰期中的第二亚间冰期,这次海侵规模最大,可达河北省的献县,故称献县海侵。献县海侵大约持续了 1.7 万年,进入玉木冰期中的第三阶段,亦即所谓的玉木冰期最盛时期,世界洋面大幅度降低,在距今 1.7 万年前后,当时的岸线较今日海面要低 130 m,那时的渤海,自然成了大陆的一部分。大约经历了 1.4 万年冷期之后,全球进入了全新世时期。更新世的最后一次冷期结束后,随之而来的是,全球气候转暖,大量冰川融水回归海洋,世界洋面抬升,在世界各陆架海形成了全新世海侵,在渤海西岸,这次海侵曾达到黄骅一带,故称黄骅海侵。自此后,渤海岸线经多次变动,形成了现代渤海(中国科学院海洋研究所海洋地质研究室,1985)。

2.1.4.2 地貌分类

《海洋调查规范——海底地形地貌调查》(GB/T12763.10)规定,地貌分类遵循"以构造地貌为基础,内-外营力相结合,形态-成因相结合,分类-分级相结合"

的原则。渤海是陆架浅海,因而其地貌可分为两大单元:海岸地貌及陆架地貌(图 2-4)。海岸带是陆地与海洋相互作用的有一定宽度的地带,上界为现代潮、波作用所能达到的上限,下界为波浪作用的下限—波基面。现代海岸带由陆地向海洋划分为滨海陆地、海滩和水下岸坡三部分。海岸带为海陆交接的地带,水动力及泥沙运动活跃,沉积环境多变,因而地貌类型丰富。

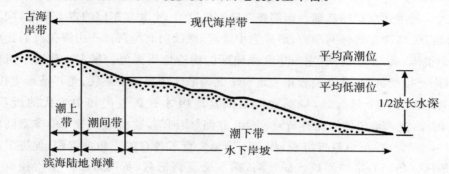

图 2-4　海岸带地貌单元示意图

大陆架是大陆边缘的浅水部分,为大陆水下的延伸部分,属于大陆型地壳。从纵向地形剖面来看,其分布范围从低潮线开始,向深海方向微微倾斜到地形明显变陡转折的地带。这种转折点连线又称坡折线。因而,大陆架的实际范围是从低潮线开始到坡折线之间的地带。坡折线水深一般为 200～300 m,大陆架地形一般较平坦,坡度多在 $0°02'～0°10'$ 之间。大陆架地貌发育与附近陆地密切相关,受构造运动及海平面升降变化所控制,是以外力作用为主形成的地貌。内陆架为现代动力作用形成的各种堆积和侵蚀地貌,外陆架主要为晚更新世末期和全新世早期形成的残留地貌。

2.1.4.3 影响地形地貌发育的主要因素

现代渤海的地形特征,系全新世海侵发生以后逐渐形成的,各种地形地貌的形成、演化与特定的自然地理环境(包括构造、岩性、河流、潮汐、潮流、风暴潮、降雨、气候、植被、古地貌等)有着密切的联系,它们相互作用,相互影响,相互依存,相互制约,在地质历史中共同塑造了今日渤海所出现的复杂形态。主要的影响因素简述如下:① 构造特征:渤海地区的主要构造线为 NE、NNE 向,它控制着现代渤海与古渤海的范围,也决定着现代渤海与古渤海的岸线轮廓与海岸地貌类型分布的基本格局。渤海位于新华夏构造第二沉降带内,营口隆起带、华北拗陷区、鲁西隆起区及郯庐断裂带交会地区,其大地构造性质与华北拗陷区基本一致,只是在第三纪以后,海陆的变迁才使它们有了差异。渤海的北部是山海关—营口隆起,它由前震旦纪变质岩系组成,近东西走向。中生代燕山运动时,北东一北北东向的断裂构造甚为发育,由此造成一系列的断陷盆地及中酸性火山岩的喷发。渤海的西部是华北拗陷区。从地形上看,它是一个广袤的平原,向东微微倾斜入渤海。自吕梁运动后,该区地壳逐步趋于稳定,接受了震旦亚界及古生界沉积,古生代末及中生代整体抬升于海面之上,堆积了陆相、河湖相及火山沉积。同样,在燕山运动时期,拗陷内形成北东向的隆起与拗陷,奠定了分布广、厚度大的新生代沉积的基础。南部鲁西隆起区,为一个北北东向的古老隆起,向北可能经无棣隆起延伸到渤海,形成渤中隆起,继续向北与营口—山海关隆起连成一个整体。古生代时期,它与华北拗陷区的构造性质类似。早古生代时下沉较深,广泛接受沉积,其沉积岩相大致与华北拗陷区相当。中生代,尤其是新生代,广大地区为一个隆起区,局部地区断陷盆地内才有新生代和中生代的沉积。

② 河流:流入渤海的河流有黄河、海河、辽河、滦河等,这些河流带来的丰富陆源物质,大部分在河口就近沉积,程度不同地发育了各自的三角洲沉积,促进了渤海地区三角洲海岸的形成。如黄河,据水文资料记载,黄河口多年平均径流量420 亿 m^3,多年平均输沙量 12 亿 t,由于潮流弱,搬运能力差,使约 40% 的入海泥沙在河口和滨海区"安家落户",形成黄河三角洲。黄河三角洲以垦利县宁海为顶点,北起徒骇河口,南至支脉沟口的扇形地带,面积为 5 400 多 km^2。20 世纪 50 年代,通过工程控制使黄河三角洲顶点下移至渔洼附近,缩小了三角洲的范围,加快了河道延伸速度,平均每年造陆 31.3 km^2,海岸线每年向海内推进390 m。河流带来的陆源物质,除了在河口沉积外,还会形成高浓度的沉积物流顺岸移动,特别是黄河与海河,除在河口形成三角洲地貌与三角洲海岸之外,高浓度的沉积物流在适宜地点沉积以后,便形成了渤海湾一带所特有的宽阔的淤泥质海岸。随着时间的推移,在海岸地区不断形成的沉积物质及其加积作用,使海滩不断地向海延伸,岸线不断地向海退却,促进了近岸淤积平原的形成,造成了最初的海岸地貌类型。滦河源于山区,每年从上游带来较多的砂质沉积,除就近在河口地段形成滦河三角洲以外,部分泥沙被带进渤海,在海流与波浪作用下,形成了沙堤,在历次形成的沙堤中间,形成了堤间洼地,产生近海沼泽与潟湖沉积。③ 海洋动力条件:影响海岸地貌发育的海洋动力主要是波浪、潮汐、潮流与潮差,其中潮汐与波浪所带来的冲刷力是形成现代海岸地貌过程的基本动力,它们决定着现代海岸地貌发育的动力过程。潮差的增加又会进一步增加波浪与潮汐对现代海岸地貌的塑造能力。渤海的波浪与风的关系十分密切,冬、春两季多为北风或西北风,夏、秋两季多为南风。在辽东湾、渤海湾和莱州湾,在台风的影响下,还会出现风暴潮或海啸,海水可直接涌上海岸,淹没农田、村镇,造成人畜伤亡、土地荒芜,这种现象在中国历史上也曾多次出现。渤海的潮汐,主要受

北黄海潮波的影响,除秦皇岛一带因地势隐蔽海水迟滞作用较大,基本上每日只有一次高潮和一次低潮以外,其他各地一般是每日出现两次高潮和两次低潮。潮差一般为 0.5～4 m。渤海中的海流大体上可分为两类:一类属于大洋系统的寒、暖流;一类属于渤海内的沿岸流。影响渤海的大洋性海流有黑潮暖流的分支和东海寒流,在夏季,黑潮乘东南风之势迅速北上,其西支流经黄海进入渤海,对渤海的水文和气候都有影响;在冬季,强烈的冬季风把黑潮吹离我国海岸而不能到达渤海,其随着黄渤海北部水温的降低,孕育成一股寒冷水流,自渤海南部沿山东半岛南下,流向东海,那就是我国冬季的主要沿岸流——东海寒流。渤海中的沿岸流主要有两支:一支北起秦皇岛,南到渤海湾,大致呈东北—西南向,主要受东北风影响,流势较强且稳定;在冬季往往与南下寒流相汇而增强其势力,在夏季有时与从黄海北部进入的冷水团相结合(初夏较明显)直接影响到秦皇岛、北戴河一带,使那里气候凉爽,而成为避暑胜地。另一支南起黄河口附近,北到渤海湾,大致呈东南—西北向,主要受东南风的影响,春、夏两季较强,入秋后即逐渐减弱,被北部南下的沿岸流所取代。④ 岛屿:岛屿附近由于经常受到潮流与波浪的冲刷,往往形成简单的冲刷基岩海岸,海岸地貌类型较为简单。如果岛屿靠近陆地,沿岸沉积物流带来的泥沙又较为丰富,在这种条件下,往往会形成连岛沙洲海岸。⑤ 其他:除上面所说的外,古地貌、古河谷、渤海周围的岩性等对地貌的形成发育都有影响(中国科学院海洋研究所海洋地质研究室,1985)。

2.1.4.4 渤海地形地貌概况

(1)渤海海底地形:整个渤海由以下五部分组成:辽东湾、渤海湾、莱州湾、中央盆地和渤海海峡。渤海海域平均水深约 18 m,大部分海域水深较浅,深度小于 30 m 的海域占渤海总面积的 91% 左右,海底地形平坦开阔。水深大于 30 m 的海域大部集中在渤海海峡地区。虽然渤海海底地形十分平坦开阔,但就其总体而言,各个部分还是有所差别,有的甚至截然不同。下面分别介绍各部分的地形特征,见表 2-1(中国科学院海洋研究所海洋地质研究室,1985)。

表 2-1　渤海水深数据表

区域	面积/km²	最大水深/m	各水深段所占区域面积比例			
			<10 m	10～20 m	20～30 m	>30 m
全渤海	77 941	82.7	25.06%	24.92%	41.36%	8.67%
辽东湾	35 850	67	16.31%	27.49%	45.46%	10.74%
渤海湾	11 072	37.2	56.69%	30.34%	11.88%	1.09%

续表

区域	面积/km²	最大水深/m	各水深段所占区域面积比例			
			<10 m	10～20 m	20～30 m	>30 m
莱州湾	8 054	16.3	59.83%	40.17%		
中央盆地	20 300	64.7	0.72%	21.28%	66.95%	11.04%
渤海海峡	2 665	82.7	5.82%	35.37%	34.15%	24.67%

① 辽东湾:辽东湾位于渤海北部,河北省大清河口到辽东半岛南端老铁山角以北的海域。海底地形自湾顶及东西两侧向中央倾斜,湾东侧水深大于西侧,最深处约 67 m,位于湾口东侧,老铁山西侧,老铁山水道的延伸部分,有一椭圆状大于 60 m 深水区,南北长约 22 km,东西宽约 8.5 km。辽东湾水深以 20～30 m 为主,占 45.46%,水深大于 30 m 的深水部分一处是在湾口老铁山水道延伸部分,另一处在辽东湾中部偏东,长兴岛西海域。水深小于 10 m 的浅水占 16.31%。辽东湾河口大多有水下三角洲。辽河口外的水下谷地实为古辽河的河谷,是现代辽河泥沙输送的渠道。平均潮差(营口站)2.7 m,最大可能潮差 5.4 m。冬季结冰,冰厚 30 cm 左右。为淤泥质平原海岸,内侧为海滨低地,宽 5～8 km,部分为盐碱地或芦苇地,外侧为淤泥滩,宽 1～2 km。主要港口有营口等。从旅顺老铁山角至盖州市一带为基岩砂质海岸;盖州市以北经营口至小凌河口之间为淤泥质海岸;从小凌河口起向南至北戴河一带又为基岩砂质海岸。从盖州市到小凌河口为辽河平原区。辽东湾是渤海海底地形最复杂、地貌类型变化最大的地区。辽东湾海底地形平缓,向海湾中部微微倾斜,东侧由金州湾、复州湾、普兰店湾和太平湾等数个小海湾组成,岸线蜿蜒曲折,地形复杂。辽东湾内大部分水深小于 30 m,仅在海湾中部约 2 750 km² 的辽中洼地水深超过 30 m,但地形极为平坦,深度变化只有 2 m,仅在洼地东南部水深达 39 m,且海底凹凸不平。辽东湾以水下沟谷众多为其特征,几乎每条河口外都有蜿蜒曲折的水下谷地延伸,它们都汇入辽中洼地。其中大凌河口外海底谷地长约 112 km,下辽河口外海底谷地长约 105 km,它们的宽度都可达 2～3 km,平面上几乎呈并行状伸展。辽东湾东岸以岛屿多为特点,西岸以沙堤多为特征。集中于东岸的岛屿有长兴岛、西中岛、凤鸣岛等大岛和西蚂蚁岛、海猫岛、小龙山岛等小岛。西岸则只有位于北部的菊花岛,但有多列水下沙堤,如图 2-5 六股河口外海底有数列与岸平行的水下沙堤。沙堤长 7～13 km,宽 2～5 km,相对高差 9～15 m。辽东湾口东侧为沙脊形成的辽东浅滩,浅滩北缓南陡,北坡坡度只有 0.3‰,而南坡则达 3.3‰,形成数条沙脊向北面散开,南部则收敛于老铁山水道的北端。沙脊最浅处水深小于

20 m,长 15～37 km,宽 2～5 km,两脊间沟槽北浅南深,水深 22～35 m。

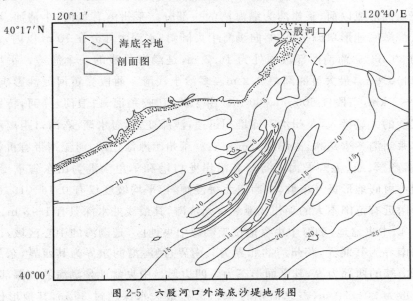

图 2-5　六股河口外海底沙堤地形图

　　② 渤海湾位于渤海西部,北起河北省乐亭县大清河口,南到山东省黄河口。渤海湾水深分大部小于 20 m,以小于 10 m 为主,占面积的近 57%。海底地形由西南向东北缓慢倾斜,其平均坡度只有 0.3×10^{-3}。但北部曹妃甸以南有一深槽,水深大于 30 m,深槽近东西向,长约 33 km,宽 4 km。此外沿曹妃甸岸滩边缘有一条长达 46 km,宽 0.3～1.5 km 的水下沟谷,从水深 0.5 m 开始向东一直延伸至该深水槽内。海河口外也有一近东西向的海底谷地,伸展至槽内。两条沟谷之间有一向东面突出的舌状沙洲,最浅处可露出水面。该深槽的东北方还有数块零星分布的水深小于 20 m 的浅滩。渤海湾有蓟运河、海河等河流注入。海底地形大致自南向北,自岸向海倾斜,湾内水深较浅,一般小于 20 m。在蓟运河口,由于河口输沙量少和受潮流的冲刷,形成一条从西北伸向东南的水下河谷,至渤海中央盆地消失。平均潮差(塘沽)2.5 m,最大可能潮差 5.1 m。大陆性季风气候显著,冬寒夏热,四季分明。冬季结冰,冰厚 20～25 cm。渤海湾的海岸类型,从河北省北戴河口至南堡一段为砂岸,从南堡南下经黄河口到山东莱州虎头崖一带为淤泥质海岸,也是华北大平原之所在。由于受黄河和海河带来的物质的影响,渤海湾形成了我国规模最大的潮间带,同时也形成了范围最广和岸线最长的淤泥质平原海岸,海岸泥深过膝,宽 1.5～10 km 不等。在渤海湾和辽东湾之间有一条砂质沉积带,它把辽东湾和渤海湾的淤泥质海岸分开。

　　③ 莱州湾位于渤海南部,山东半岛北部。西起黄河口,东至龙口的屺姆角。

莱州湾因黄河三角洲向海凸出而与渤海湾分开,成为独立的海湾,可以认为在黄河三角洲形成以前,莱州湾为渤海湾的一部分。莱州湾有黄河、小清河、潍河等注入。海底地形单调平缓,略向渤海中央倾斜,水深大部分在 10 m 以内,占总面积的 59.83%,海湾西部最深处为 16.3 m,是渤海最浅的一个海湾。平均潮差(龙口)0.9 m,最大可能潮差 2.2 m。多沙土浅滩。西段受黄河泥沙影响,潮滩宽 6~7 km,东段仅 500~1 000 m。由于潍河、胶莱河、白浪河、弥河,特别是黄河泥沙的大量携入,莱州湾海底堆积迅速,浅滩变宽,海水渐浅,湾口距离不断缩短。莱州湾冬季结冰,冰厚 15 cm 左右。莱州湾滩涂辽阔,河流携带有机物质丰富,盛产蟹、蛤、毛虾及海盐等。其沿岸龙口港和羊角沟港为山东省重要港口。莱州湾海底地形极其单调,由南向北缓慢倾斜,平均坡度仅有 0.16×10^{-3},只在东岸附近有范围不大的莱州浅滩和登州浅滩,其最浅处水深只有 1~3 m。

④ 中央盆地:渤海中央盆地位于渤海中央地区,是渤海的中心区域,以辽东湾的南界为其北界,莱州湾的北界为其南界,渤海湾的东界为其西界,东部则以渤海海峡的西部为界,其平面形态为一四边形。中央盆地是渤海的较深部分,水深一般为 20~30 m,占总面积的 66.95%,最大水深超过 30 m,其地形比较平坦。由于渤海四周几乎为大陆所包围,并有黄河、海河、滦河和辽河等河流注入,每年带来的大量泥沙,除就近沉积于河口及湾内以外,其余部分则被漂移至渤海中央盆地沉降下来。因此,渤海中央盆地中的砂质黏土软泥和粘土质软泥主要源于黄河及其他一些河流所带来的陆源物质。

⑤ 渤海海峡:渤海海峡指我国辽东半岛南端老铁山西南至山东半岛蓬莱登州头一段水域,是黄海和渤海联系的咽喉。海峡中的庙岛群岛,把海峡分割成老铁山、长山、庙岛等九条重要水道,是出入黄、渤海的门户。庙岛群岛像一串珍珠镶嵌在渤海海峡,扼守海峡的咽喉,战略地位十分重要。北部水深较深,多大于 30 m,水道宽而深,南部水深较浅,一般小于 30 m,水道窄而浅。老铁山水道大部呈 U 形,局部为 V 形,北西—南东向延伸,东、西两端分别伸入黄、渤海,最深处近 83 m,按 60 m 等深线计水道长度约 80 km,平均宽度约 9 km,海底崎岖不平,其西北端 30 m 等深线分别插入辽东浅滩数条沙脊之中。登州水道仅 10~30 m,其余在 20~40 m 之间。商船常走老铁山、长山、庙岛三条水道。庙岛群岛岛礁较多,南部成群,数量较多,北部成列,岛数较少,整个岛群位于渤海海峡中南部。岛陆总面积 56 km²,海岸线长 146 km。主要岛屿有南长山岛(长岛)、北长山岛、大黑山岛、小黑山岛、南隍城岛、北隍城岛、庙岛等,其中南长山岛最大,陆域面积为 13 km²。地质学家发现,庙岛群岛是块古老的土地,出露地层基本与山东半岛蓬莱的地层相同,主要是震旦纪的变质岩,仅在砣矶岛上有少量花

岗斑岩,大黑山上有大片 100 万年前的玄武岩。在古老的地层上,直接覆盖着新生代更新世地层。庙岛群岛处在新华夏断裂构造带上,是胶辽隆起中的断陷形成的基岩岛。庙岛群岛的岩层走向近乎南北,与山脊线、构造线走向基本一致。自元古代蓬莱运动、庙岛群岛地块隆起抬升后,该地长期处于侵蚀剥蚀状态,早第三纪的喜马拉雅运动,促使渤海盆地强烈断陷,山东半岛与辽东半岛中断分离,遂形成庙岛岛链。第四纪时多次的海平面升降变化,使庙岛群岛多次成为沟通胶辽半岛的陆桥,全新世海浸以来,才形成现代的庙岛群岛。可以这样说,庙岛群岛就是地壳陷落后残留在海面上的山峰。由于构造原因和久经剥蚀使庙岛群岛形成断块低山丘陵地貌。高山岛为群岛中最高的岛屿,海拔也只有 201 m。

(2) 渤海海底地貌类型:渤海海底地貌发育年青,受构造及外力作用控制,地貌动态十分活跃,类型丰富。其现代地貌主要表现为堆积地貌,按前述的地貌分类原则,渤海海底地貌可分为侵蚀地貌和堆积地貌两大类。

① 侵蚀地貌。ⓐ 潮流冲蚀谷地:集中分布在渤海海峡的南、北侧口门及渤海湾北面的曹妃甸南侧。庙岛群岛南、北的登州水道与老铁山水道,是海流的主要进出通道。北隍城岛与老铁山之间的老铁山水道是海水由黄海进入渤海的通道,而蓬莱角与南长山岛之间的登州水道是海水从渤海退出的通道。老铁山水道的北支已冲蚀成 U 形谷地,长达 110 km,宽 10～23 km。冲蚀谷底的底层最大流速可达 3～4 n mile/h。谷底和谷坡上有基岩孤丘突起,谷底为大片砾石及砂砾沉积。登州水道虽水深较浅,但谷底起伏较大,亦为砂砾沉积覆盖。值得注意的是,在老铁山冲蚀谷地,强潮流对岸壁、海底进行强烈的冲刷,致使谷地西侧的辽东浅滩遭受冲刷,形成巨大的潮流地貌。在渤海湾口北侧与曹妃甸之间,亦出现水深 30～31 m 的近东西向潮流冲蚀谷地,谷长 46 km、宽 0.3～1.5 km。谷底为细砂及粉砂沉积,谷地的形成是由于自东往西的沿岸流及潮流冲刷的结果。ⓑ 冲蚀洼地:分布在渤海海峡的中部岛屿,即庙岛群岛的北隍城岛与南长山岛之间的水道内,其形态近乎椭圆形。洼地内主要为砂砾堆积,并有基岩裸露,表明岛间水道流急,以冲蚀作用为主,至今仍保持原始地貌形态。ⓒ 冲刷岸坡:分布在辽东半岛西南侧、长兴岛海岬岸坡一带。由变质岩类及花岗岩构成海岬冲刷岸坡,海岸蚀退,海底砂砾及岩礁密布。辽东湾东岸及复州河入海物为蚀源区。

② 堆积地貌。ⓐ 滨岸水下浅滩:分布在莱州湾顶及西部水深 5m 等深线内,主要接受湾顶河流(如潍河、白浪河及小清河)入海泥沙的充填,而逐渐形成宽阔的水下浅滩。在莱州湾西岸则主要受到黄河入海物质影响,也同样发育了宽平的水下浅滩。莱州湾东岸水下浅滩较特殊,是具有水下沙坝的砂质浅滩。

浅滩宽度基本上沿水深 10 m 等深线内,其中刁龙嘴复式羽状沙嘴延伸的水下沙坝及龙口屺姆岛陆连岛水下沙坝十分典型。从沿岸水下浅滩地区泥沙动态而言,登州海峡以西至刁龙嘴岸滩,沿岸泥沙自东向西迁移。ⓑ 潮流堆积:主要指辽东湾口的辽东浅滩地区,它的北面联结辽中洼地、东南面接渤海海峡北段的潮流冲蚀谷地、西侧为残留浅滩。辽东浅滩由分选良好、稳定矿物富集的细沙沉积,组成规模巨大的水下沙脊与潮沟相间的呈扇形分布的潮流堆积地貌。那里的指状沙脊群,长达 30 km,脊、沟高差可达 30 m,一般宽度为 2～9 km,沙脊向海峡辐聚,水深剧增而坡度变陡,向辽东湾呈放射状展开,坡度变缓,水深变浅。沙脊断面结构表明,脊、沟具有相同的表层沉积盖层。通过声纳扫描发现,顺沟底有深达 1 m 左右的与潮流方向平行的直线行细沟,这表明脊、沟的形成是受到海峡强潮流冲刷所致。应当说明,辽东浅滩上的砂质沉积物是早期滨海残留沉积,而沟、脊地形是因现代潮流冲刷改造的结果。ⓒ 浅海堆积平原:分布于渤海中央盆地,大致相当于渤海中央盆地凹陷位置,呈三角形延伸与辽、渤、莱三湾相接。海底极为平坦,沉积物以粉砂为主,受黄河物质扩散影响显著。ⓓ 海湾堆积平原:主要指渤海湾、莱州湾及辽东湾的大部地区。海底平缓,表层沉积物系泥质粉砂、粉砂质黏土及粘土质软泥,它们主要来源于入海河流所带来的细粒物质。ⓔ 滨岸倾斜平原:主要分布在辽东湾口的东西两侧及六股河、滦河口两侧,水深在 20～25 m 以内的岸坡地区。本区处于基岩平直岸坡及河流砂砾物质入海堆积区,海底倾斜,坡度较大(辽西岸下斜坡坡度达 1/400～1/300),河口入海摆动往往形成叠置的水下三角洲。滨岸倾斜平原的中上部,物质组成较粗,常以细砂沉积为主;下部坡脚处较细,以粉砂和泥质粉砂为主。ⓕ 河口水下三角洲:在新老黄河、海河、套儿河、马颊河、蓟运河、潍河、小清河及滦河等河口水下均有规模大小不等的水下三角洲。其中,以黄河口外的三角洲形态最为突出,面积最大,约 3 000 km²。这表明,19 世纪中叶,黄河自利津入海以来,尾闾不断摆动,陆上三角洲向海迅速推进,而逐渐形成水下堆积体。其扇形面以 1/1 500 的坡度向海伸展至 20 m 等深线。ⓖ 残留浅滩:在辽东浅滩的西侧,有一大块凸起地形,其顶面水深 19 m,外围水深为 25 m,面积约 30 km²,称为"渤中浅滩"。沉积物主要为细砂、极细砂,频率曲线呈单峰型,砂中的重矿物含量及稳定矿物含量为渤海最高区,不稳定矿物少。这种现象均说明本区是一个早期滨海残留沉积区。ⓗ古湖沼洼地:指辽东浅滩以北的辽中洼地,水深大于 30 m,边缘高差 2 m,洼地面积达 2 750 km²。粉砂质黏土底质,洼地坡壁上发现水平层理的湖沼相沉积,有古河道汇入洼地。

2.1.4.5 海底泥沙动态

渤海海区现代海底泥沙的动态,取决于海水深度、海浪要素尺度、海流流速及海底沉积物的粒径大小等因素。众多周知,风浪的周期一般较小,涌浪的周期一般较大,因此,涌浪对于海底泥沙的活动影响比风浪大。从实测海浪资料中可以看出,渤海湾内,冬季波高≥2 m的大浪出现的频率<25%,渤海中部和南部相应频率为20%~30%。夏季大浪出现频率减少。渤海的大浪多为风浪。海底泥沙处于运动状态,水深小于15 m的浅水区,其时间更长些。水深30 m左右的深水区,只有在波高大于1.5 m,周期大于8 s的涌浪条件下,底部泥沙才处于运动状态。更深的水域,单纯海浪起动泥沙的概率很小。

影响深水区泥沙动态的主要因素当推潮流。根据实测资料,老铁山水道附近,夏季底层最大流速(包括潮流和余流等)可达119 cm/s,每昼夜流速大于20 cm/s的时间可达19 h,冬季底层流速较小,但最大仍然可达60 cm/s,每昼夜大于20 cm/s的时间仍可超16 h。潮波由黄海进入渤海,一部分向北传播,经辽东浅滩进入辽东湾,另一部分向西传播,经渤海中部深水区西面的陡坡传入渤海湾,在陡坡附近,实测底层流速夏季86 cm/s,每昼夜流速大于20 cm/s的时间可达16 h以上,冬季虽然流速较小,但是,实测底层最大流速仍可达52 cm/s,流速大于20 cm/s的时间每昼夜达15 h。如上所述,一般细砂、粉砂的起动临界流速为20 cm/s,上述各深水区的底层流速每昼夜约有2/3的时间大于其起动临界速度,由此推测,一年约有2/3的时间,该区海底泥沙处于活动状态。这种现象和辽东浅滩上出现的潮流沙脊和在渤海中央深水区西部陡坡附近出现的海蚀沟谷现象是一致的。

此外,由于这里的海底坡度较陡,而且流速较大,海底沉积物疏松,在条件适合的情况下,渤海深水区西面和北面的陡坡区可能产生蚀流,陡坡上的侵蚀沟谷可能与蚀流有关。

2.1.4.6 渤海沉积类型的特征

渤海沉积类型的分布,有以下基本特征。

(1)渤海三大海湾和中央海区的沉积类型分布各不相同。渤海湾内以细软的黏土质软泥和粉砂质黏土软泥为主,辽东湾内以较粗的粗粉砂和细砂为主,莱州湾内则以粉砂质沉积占优势。渤海中央海区虽然兼有粗、细等各类沉积,但却以分布面积广阔的细砂最引人注目。

(2)海底沉积类型的分布与毗邻陆地河流固体径流的性质和海岸类型等有密切关系,例如,黄河、辽河等河流输入泥沙的粒径较细,所以受它们强烈影响的海底便分布着黏土质软泥或粉砂质黏土软泥等细粒沉积类型,反之,六股河、滦河、复州河等河流输入海中的泥沙较粗,所以河口前沉积着各种砂质粗粒沉积。由于沿岸河流输沙特征及海岸性质的不同,近岸带往往出现沉积类型粗细相间的现象。

(3)辽东湾和渤海湾内海底沉积类型的分布,相对于两侧海岸来说分别出现微弱可辨的对称性,显示了海岸轮廓对于沉积类型分布的巨大影响。

(4)就整个渤海沉积类型的分布轮廓而言,并不存在由海岸向海中央沉积类型发生由粗到细过渡的正常机械分异作用,相反,由于海平面的变化及现代海底地形及海水动力条件等因素的影响,存在着沉积类型在空间上的不规则斑块状镶嵌分布。

2.2 渤海海区自然资源

渤海资源丰富,开发历史悠久。渤海的石油天然气资源十分丰富,与陆上的胜利、大港、辽河油田一脉相承,构成了我国第二大油区,石油加工业、石油化工业也随着丰富的石油产业而迅速发展。渤海也是我国主要海洋渔场之一,有"天然鱼池"之称,一直是沿海地区经济的重要支柱(白春江,2007)。渤海地区现在成为我国对外开放的重要窗口。以辽东半岛、山东半岛、京津冀为主的环渤海地区,与珠江三角洲、长江三角洲统称为我国的三大经济圈。

2.2.1 生物资源

渤海是一个近封闭的内海,海底地势平坦。渤海有很长的平原海岸,而且这类海岸大部分有平坦宽阔的滩涂,如辽东湾顶锦西—盖州市段、渤海湾西岸、莱州湾沿岸大多为此类海岸。这种海岸以粉砂质黏土及黏土质粉砂和细砂为主,沉积物中有机质、全氮含量较高,地势低平,海拔高度多在 $1\sim4\ m$,平均在 $2\ m$以下。由于沿海有黄河、辽河和滦河等大河入海,携带的大量泥沙及有机质堆积于三个海湾,淤平地势、肥沃水质,故形成多种经济鱼、虾、贝和蟹类的繁殖和育苗场,是渔业的摇篮。河流及人工渠道较密,适于发展海水养殖。其中,高潮滩因潮水不经常到达,是经常裸露的地带,滩面平整,交通较为方便,可修建养鱼池及养殖贝类、大米草;中潮滩海水运动频繁,氧气充足,是开发利用的重点,可养殖贝类、大米草;低潮滩经常有水,有浮泥流动,滩面平整,是养殖贝类的最好地段,可养殖有经济价值、营养价值的毛蚶、泥蚶及蛤类。潮间带也是养虾的好场所。

渤海地处暖温带,水质肥沃,历来是经济鱼虾类的产卵场和肥育场,有浮游植物 120 余种,浮游动物 200 余种,潮间带底栖植物 100 余种,潮间带底栖动物 160 余种,浅海底栖动物 200 余种,游泳动物 120 多种,产有对虾、海参、鲍鱼等海珍品(李欣,2015)。

环渤海区域星罗棋布的河流、湖泊、洼淀、河口和漫长的海岸线,构成了丰富多样的湿地景观。良好的湿地环境,使渤海湾成为东部湿地水鸟的重要分布区。该地区水鸟资源丰富,主要体现在种类多、数量大、珍稀濒危物种出现频率高等方面。渤海湾地区已记录水鸟 120 多种,占我国水鸟总种数的 40% 以上。其中,天津北大港自然保护区的水鸟有 107 种,大黄堡自然保护区有 92 种,黄河三角洲自然保护区有 115 种。渤海湾是东亚鸟类迁徙路线中的重要途经之地,每年春秋都有大批水鸟迁经此地,做短暂停歇。银鸥、红嘴鸥、环颈鸻、反嘴鹬、黑翅长脚鹬、红头潜鸭、白秋沙鸭、斑嘴鸭、绿头鸭、罗纹鸭、针尾鸭、豆雁、灰雁、大天鹅等常集成大群停歇在水面或岸边,场面十分壮观。随着气候变暖,越来越多的水鸟还选择此地作为越冬地,如苍鹭、遗鸥、灰鹤、大天鹅以及多种雁鸭类。该地区的水鸟有很多珍稀濒危物种,属国家一级重点保护物种的有 9 种,即黑鹳、东方白鹳、丹顶鹤、白鹤、白头鹤、大鸨、遗鸥、白尾海雕、中华秋沙鸭;属国家二级保护的物种有 20 余种,如海鸬鹚、大天鹅、小天鹅、疣鼻天鹅、白额雁、鸳鸯、灰鹤、白枕鹤、蓑羽鹤等(张正旺,2007)。

2.2.2 矿产及油气资源

环渤海地区的矿产资源十分丰富,如辽宁省的菱镁矿,其中营口大石桥的菱镁矿储量占全国的 85%,是世界上最大的镁矿。山东省的铁矿、铜矿等储量十分丰富。渤海滨海砂矿主要矿种为金刚石、锆石、独居石、石英砂和金,伴生矿种为磷钇石、钛铁矿、锡石等,主要的砂矿有 6 处,见表 2-2。渤海浅海区域也有丰富的建筑用海砂,主要分布在老铁山水道、秦皇岛、曹妃甸和莱州浅滩等地,见表 2-3。

表 2-2 渤海主要滨海砂矿

省份	产地	主要矿种	伴生矿种	规模
辽宁	瓦房店复州河岚崮山	金刚石	—	矿点
	盖州市仙人岛	锆石、独居石	磷钇矿、钛铁矿、金红石	矿点
河北	山海关—秦皇岛—北戴河	锆石、独居石	金红石、锡石	矿点
山东	莱州三山岛	金	—	小型
	招远诸流河	金	—	小型
	龙口	石英砂	—	中型

表 2-3 海砂远景区与重点远景区面积表

区域	海砂远景区面积/km^2	重点远景区面积/km^2
老铁山水道近岸海砂资源区	1 364	308.0
辽东浅滩海砂资源区	3 522	198.2
辽东湾东岸海砂资源区	1 728	343.3
兴城绥中近岸海砂资源区	2 373	350.5
秦皇岛近岸海砂资源区	2 125	1 044.5
曹妃甸海砂资源区	1 107	370.8
莱州浅滩海砂资源区	86	30.4
登州浅滩海砂资源区	77	8.6

资料来源:我国近海海洋资源综合调查与评价专项(海洋灾害影响我国近海海洋资源开发的测度)

油气资源是渤海的一大优势资源。其中油田所在沿海,大多滩涂宽广,水深极浅的水域也很多,所以石油开采大多采用通井路的方式进行开采,使沿岸地区的油田和海上油田连成一片,开采方便,是我国主要的石油产区。

2.2.3 城市群和港口资源

环渤海已经形成三大城市群(沈阳、天津、济南)。渤海沿岸的辽东半岛南部、山东半岛蓬莱附近及秦皇岛附近,以基岩海岸为主,海岸多为侵蚀后退型,同时近岸海底坡度大,距岸不远水深就相当大,具备建设港口的条件。在曹妃甸,有一段独具特色的地貌现象,其内为淹没的古滦河的冲积扇体,其上接受了海相沉积,水深很浅,低潮时大片滩地出露,高潮时水深在 2 m 左右,曹妃甸以外为4/100 坡度的侵蚀陡坎,水深可达 30 m,这样特殊的地貌条件提供了建立巨大港口的极佳港址。目前渤海区域已经有天津港、秦皇岛港、曹妃甸港等大港,很多中小型港口也已建成或建设中。渤海沿海港址的开发利用(即港口建设),是海洋运输业的基础,对区域整体功能充分发挥起着十分重要的作用(李欣,2015)。

2.2.4 盐业资源

由于渤海沿岸滩涂十分广阔,地势平坦,底质条件好,以粉砂、泥质粉砂、黏土、砂黏土、泥质砂土为主,渗透率较低,为建设大中型盐田提供了良好条件,如河北省沧州沿岸、山东潍坊沿岸都有规模很大的盐场,是我国海盐生产条件最好的海区之一。再加上降雨量少、雨量集中、蒸发量大、相对湿度低等气象条件,使之成为我国最大的海盐生产基地。渤海海区产盐历史悠久,是我国最大的盐业生产基地,共有 16 个盐田区,盐场面积达 1 600 km^2。环渤海的主要盐区有 3 个:东北盐区、山东盐区、长芦盐区,占全国盐田总面积的 80% 以上。

2.2.5 旅游资源

渤海沿岸地质、地貌有诸多差异,滨海沙滩广阔,山水辉映,海上风光与陆域景点相呼应,秀丽多姿的自然风光与较多的人文历史古迹相互结合,形成丰富的旅游资源。滨海旅游业是整个旅游业的重要组成部分,而滨海旅游资源的开发利用是发展滨海旅游业的基础。渤海周围的旅游发展可以充分利用漫长的沙滩、美丽的自然风景、古文明遗迹以及特色水产品等,形成海滨特色旅游区,并统一规划岛屿和海上的旅游资源,形成集海岸旅游为一体、岛屿旅游为一体和海上旅游为一体的旅游度假区。

渤海沿岸已成为众多的旅游、疗养和避暑胜地。如大连的金沙滩、河北的北戴河、烟台和威海的海滨浴场等均以独特的风姿吸引了无数中外游客。海区内还有黄河三角洲自然保护区、双台子河口丹顶鹤及黑嘴鸥自然保护区、老铁山的蛇岛鸟类和蝮蛇自然保护区。不仅如此,环渤海地区数千年的政治、经济、文化活动的延续,还留下了许许多多的历史文化古迹,丰富了人文景观资源,如旅顺的一些战争遗迹。

2.2.6 海滨芦苇资源

渤海沿岸尤其是辽东湾北岸的广大区域,是我国重要的芦苇产区,芦苇资源丰富。在现有的四大芦苇产区中,除江苏、上海芦苇产区外,其他三大产区均分布在渤海范围内。1984 年,渤海芦苇面积达 190 万 hm^2,占全国芦苇面积的 80% 以上,芦苇产量达 55 万 t,占全国芦苇产量的 50% 以上。丰富的芦苇资源为本区造纸工业发展提供了良好的条件。

2.3 环境质量现状

根据 2019 年中国海洋生态环境状况公报,渤海未达到第一类海水水质标准的海域面积为 1.27 万 km^2,同比减少 8 820 km^2,劣四类水质海域面积为 1 010 km^2,同比减少 2 320 km^2,主要分布辽东湾、渤海湾南部近岸海域。无机氮和磷酸盐劣四类海域主要分布在辽东湾、渤海湾南部。渤海重度富营养化区域为 710 km^2,中度富营养化区域为 630 km^2,轻度富营养化区域为 1 890 km^2。典型海湾的生态系统健康情况见表 2-4。监测的河口和海湾生态系统均属于亚健康状态,部分海湾和河口海水呈富营养化状态,沉积物质量总体良好,鸭绿江河口贝类生物体内的铅、石油烃残留水平较高。

表 2-4 2019 年渤海典型海洋生态系统基本情况

监测区域名称	监测区域面积/km^2	健康状态	生态情况
鸭绿江口	1 900	亚健康	部分贝类生物体内铅、石油烃残留水平较高;浮游动物密度和生物量过低
双台子河口	3 000	亚健康	海水呈富营养化;浮游动物生物量过高,底栖生物密度和生物量过低
滦河口—北戴河	900	亚健康	浮游植物密度过低;浮游动物密度和生物量过低,底栖动物密度和生物量过低
黄河口	2 600	亚健康	海水呈富营养化;浮游动物密度过高、生物量过低,底栖动物密度过高
渤海湾	3 000	亚健康	海水呈富营养化;浮游动物密度过低,底栖动物生物量过低

2.4 敏感区分布

2.4.1 国家级水产种质资源保护区

辽东湾、渤海湾、莱州湾国家级水产种质资源保护区总面积为 2.321 9 万 km²,其中核心区面积为 9 625 km²、实验区总面积为 1.359 4 万 km²。核心区特别保护期为 4 月 25 日至 6 月 15 日。范围在 117°35′E～122°20′E,37°03′N～41°00′N。各保护区的主要保护对象和具体范围如下。

2.4.1.1 辽东湾保护区

辽东湾保护区面积为 9 935 km²,其中核心区面积为 1 755 km²,实验区面积为 8 180 km²。核心区是由 4 个拐点顺次连线围成的海域,拐点坐标分别为 121°15′E,40°45′N;121°45′E,40°45′N;122°00′E,40°30′N;121°00′E,40°30′N。实验区是由 7 个拐点顺次连线与北面的海岸线(即大潮平均高潮痕迹线)所围的海域,拐点坐标分别为 120°30′15″E,40°15′45″N;120°40′00″E,40°10′00″N;120°55′00″E,40°10′00″N;121°00′00″E,40°20′00″N;121°45′00″E,40°20′00″N;121°20′00″E,39°55′00″N;121°57′37″E,40°06′40″N。

海岸线西起绥中县和兴城市的交界点六股河入海口,向东北经葫芦岛连山河入海口,锦州的大笔山为折点,向东经大凌河入海口、大鱼沟,双台子河口为拐点,向东南经二界沟、辽河口,东至大清河口,向西南经大望海寨、鲅鱼圈、仙人岛,南至营口市和大连市交界点浮渡河入海口。

主要保护对象有小黄鱼、蓝点马鲛、银鲳等主要经济鱼类及三疣梭子蟹。栖息的其他物种包括中国明对虾、黄鲫、青鳞沙丁鱼、鲚、凤鲚、鲥、鳀、赤鼻棱鳀、玉筋鱼、黄姑鱼、白姑鱼、叫姑鱼、棘头梅童、鲅、花鲈、鲻鱼、鳙、斑鰶、鲛鰊、半滑舌鳎、银鱼、文蛤、毛蚶、脊尾白虾、脉红螺等。

2.4.1.2 渤海湾保护区

渤海湾核心区面积为 6 160 km²,核心区范围是由 4 个拐点顺次连线与西面的海岸线(即大潮平均高潮痕迹线)所围的海域,拐点坐标为 118°15′00″E,39°02′34″N;118°15′E,38°25′N;118°20′E,38°20′N;118°20′E,38°01′30″N。

海岸线北起河北省唐山市南堡渔港西侧,经丰南、沙河黑沿子入海口、涧河入海口,向西经天津的海河、独流减河入海口,向西至歧口河口为折点向南再经河北省黄骅市、海兴县的南排河李家堡、石碑河赵家堡入海口、大口河入海口、马颊河、徒骇河入海口,南至山东省滨州市湾湾沟乡。该区主要保护对象有中国明对虾、小黄鱼、三疣梭子蟹;保护区内还栖息着银鲳、黄鲫、青鳞沙丁鱼、鲚、凤鲚、鳓、鲲、赤鼻棱鳀、玉筋鱼、黄姑鱼、白姑鱼、叫姑鱼、棘头梅童、鮻、花鲈、中国毛虾、海蜇等物种。

2.4.1.3 莱州湾保护区

该保护区总面积为 7 124 km²,其中核心区面积为 1 710 km²、实验区面积为 5 414 km²。

核心区包括以下三个区域。核心一区:由 6 个拐点顺次连线所围的海域,面积为 66.7 km²,主要保护对象有真鲷、花鲈、三疣梭子蟹。拐点坐标分别为 37°19′45″N,119°47′10″E;37°26′48″N,119°44′57″E;37°28′01″N,119°48′49″E;37°24′09″N,119°50′26″E;37°23′21″N,119°48′08″E;37°20′18″N,119°49′22″E。核心二区:由 4 个拐点顺次连线所围的海域,面积为 40 km²,主要保护对象有三疣梭子蟹。拐点坐标分别为 37°13′01″N,119°29′50″E;37°16′54″N,119°29′50″E;37°16′57″N,119°33′24″E;37°13′01″N,119°33′48″E。核心三区:由 3 个拐点顺次连线与西侧海岸线(海岸线北起东营市黄河口镇,经黄河入海口、小清河入海口,南至潍坊市白浪河入海口)所围的海域,面积为 1 603 km²,主要保护对象有中国明对虾、文蛤、青蛤、中国毛虾。拐点坐标分别为 37°57′00″N,119°00′00″E;37°54′00″N,119°10′00″E;37°09′10″N,119°10′00″E。

莱州湾实验区:由 4 个拐点顺次连线与南面的海岸线(即大潮平均高潮痕迹线)所围的海域(不包括其中的 3 个核心区)。拐点坐标分别为 38°00′00″N,118°58′30″E;38°00′00″N,119°20′00″E;37°40′00″N,119°20′00″E;37°40′00″N,120°18′03″E。海岸线北起山东省东营市孤岛镇,向南经黄河口镇、黄河入海口、小清河入海口,以白浪河入海口为拐点,向东经潍河、胶莱河入海口到莱州市虎头崖镇转向东北经三山岛刁龙嘴、辛庄镇、黄山馆镇,北至龙口市矾姆岛南侧。主要保护对象有中国明对虾、小黄鱼、三疣梭子蟹、真鲷、花鲈,另外还有蓝点马鲛、口虾蛄、半滑舌鳎、文蛤、青蛤、中国毛虾。栖息的其他物种包括银鲳、黄鲫、青鳞沙丁鱼、鲚、凤鲚、鳓、鲲、赤鼻棱鳀、玉筋鱼、黄姑鱼、白姑鱼、叫姑鱼、棘头梅童、鮻等。

2.4.2 国家级的珍稀、濒危物种保护区

国家级的珍稀、濒危物种主要指具有很高生态价值,同时具有特殊价值的环

境资源,对溢油极为敏感。在渤海海域内国家级的珍稀、濒危物种保护区主要有大连斑海豹国家级自然保护区、辽宁双台河口国家级自然保护区、黄河三角洲自然保护区、山东长岛国家级自然保护区和昌黎黄金海岸国家级海洋自然保护区等(孙雪景,2007)[6—7]。

2.4.3 国家级的自然保护区、重要生态资源保护区

国家级的自然保护区、重要生态资源保护区具有很高的生态价值或很高特殊价值,对溢油非常敏感。在渤海海域内国家级的自然保护区、重要生态资源保护区主要有蛇岛、老铁山国家级自然保护区,滨州贝壳堤岛与湿地系统国家级自然保护区,山东长岛国家级自然保护区和昌黎黄金海岸国家级海洋自然保护区等(孙雪景,2007)[6—7]。

2.4.4 省市级自然、地貌保护区

省市级自然、地貌保护区具有较高的生态价值,对溢油比较敏感。在渤海海域内省市级自然、地貌保护区主要有大连海王九岛海洋景观自然保护区、大港古潟湖自然保护区、大凌河口滨海湿地自然保护区、庙岛群岛海洋自然保护区、庙岛群岛海豹自然保护区、黄骅古贝壳堤省级海洋自然保护区、乐亭石臼佗诸岛省级自然保护区、南大港滨海湿地和鸟类省级自然保护区等(孙雪景,2007)[6—7]。

2.4.5 重要的风景游览区、重要的海珍品养殖区

在渤海海域内重要的风景游览区、重要的海珍品养殖区主要有兴城海滨、大小笔架山旅游区、浮渡河口沙堤自然保护区、长兴岛旅游区、北戴河旅游区、南戴河旅游区、山海关旅游区、北戴河鸟类自然保护区等(孙雪景,2007)[6—7]。

2.4.6 水产养殖和海洋自然水产资源

水产养殖和海洋自然水产资源具有一定的经济价值,为一般资源,对溢油敏感性一般。渤海海域内有渤海渔业区,包括沿岸海域渔业区和近海海域渔业区。沿岸海域渔业区是多种鱼、虾、蟹类等海洋生物的产卵场和繁殖场,如著名的烟威渔场。沿海还有许多海上养殖场,这些养殖场主要养殖经济鱼类,具有很高的经济价值,是沿海渔民的主要生活来源,保护好这些渔业资源是非常重要的(孙雪景,2007)[6—7]。

2.5 环渤海社会经济环境特征

　　环渤海地区处于日渐活跃的东北亚经济圈的中心地带,已经成为拉动中国经济增长的重要经济区,有很重要的战略地位。环渤海的自然资源和人力资源优势组合尤为突出,是中国北方最大的连接"海洋经济"和"大陆经济"的枢纽,也是中国北方核心经济区的重要组成部分,其强大的创新能力、发达的金融业使得这里成为外商在北方投资最密集的地区。环渤海地区,狭义上是指以京津地区为核心,以辽东半岛和山东半岛为两翼的区域,包括两个直辖市(北京和天津)和三个省(辽宁、山东、河北),在行政区上包括 17 个地级行政区(辽宁省的大连、营口、盘锦、丹东、锦州和葫芦岛,河北省的唐山、秦皇岛和沧州,天津和山东省的滨州、潍坊、烟台、东营、威海、青岛和日照)。对外则通过大连港、青岛港、营口港等多个港口与世界 160 多个国家和地区有经贸往来;对内则成为中国北方内陆、西北、华东三大地区的结合部,是其走向世界的海上门户。环渤海经济区在中国对外开放的发展战略中占有重要地位,是一个复合经济区,在沿海区域经济发展中发挥着重要的作用。2020 年,北部海洋经济圈(北部海洋经济圈主要包括辽宁省、河北省、天津市和山东省的海域与陆域)海洋生产总值为 23 386 亿元,占全国海洋生产总值的比重为 29.2%(自然资源部海洋战略与规划司,2020)。

3

>>> 海上溢油的特点及危害

3.1 海上溢油事故的定义

　　海上溢油是指在海上石油开采和运输过程中,由于自然因素和人为因素造成的大量石油倾入海洋的事故。在全球性的海洋石油开采和海上运输迅速发展的同时,海上溢油污染事故也越来越多(张和庆 等,2001)。溢油事故的危害性之强、海上处理之难、生态环境破坏之深以及国民生命财产损失之大,都是其他应急事件所不具备的,因此海上溢油事件有其特有的内涵和特征(周云霄,2019)。

3.2 溢油事故类型

　　海上溢油从事故类型来看,主要有以下几种。

3.2.1 井涌或井喷

在钻井作业实施过程中,由于钻井液比重失调、防喷措施不当及其他误操作等原因,可能导致井涌。若不及时控制或控制不当,可能引发井喷事故。伴随井喷释放的有原油和大量烃类物质,当烃类物质聚集到爆炸浓度后,遇明火可能引发平台火灾、爆炸,对周围海域环境产生严重威胁。

在完井或修井作业时物体坠落砸碰采油树或井口等设施或者管线老化、保养不当等也容易造成井喷或井口失控。

3.2.2 海上设施泄漏起火爆炸

试油、测试期间,平台上的试油如燃烧不充分,便会有少量原油落在平台上,在井下及地面的试油、测试工具和设备(燃烧器)同时损坏失灵的情况下可能发生突发性溢油事故。

油田生产阶段,溢油风险单元是人工岛或者平台上的井口区以及油气储存、输送、处理(各种管件、连接件、原油处理设备)等作业区,可能由于设备或者人为误操作等原因引起油气泄漏,当泄漏物浓度聚集达到爆炸极限时,遇到静电起火、机械撞击起火或吸烟等明火会酿成火灾和导致爆炸,从而使事故升级,可能造成原油泄漏入海。

如果油气设施上设计有储油区,那么在装卸过程中存在溢油事故风险,同时罐、管线和油泵也存在溢油事故风险。一旦储油罐燃烧、爆炸、破裂等一系列连锁反应发生,如果处理不当,会造成重大溢油事故。其中如果储油罐附近发生火灾,由于高温可能对储油罐阀门等关键部位造成伤害,使其扭曲变形,出现溢油事故;若火灾不能及时发现、控制就会发生爆炸,进而使储油罐破裂,导致原油泄漏;另外,如台风、地震和风暴潮,会对储油罐造成威胁,有可能导致储油罐破裂。

3.2.3 海底管道与立管泄漏

海底管道与立管可能因穿孔、破裂等事故导致油气泄漏。导致海底管道与立管事故的内部原因有管道腐蚀、材料缺陷等;外部原因有海面失落重物的撞击、渔船拖网或抛锚、人员操作、水动力作用造成的淘空引起的管线折损等自然灾害。

3.2.4 输油软管泄漏

采用油轮运输时,软管可能存在溢油风险。输油软管有严格的操作规定,应定期更换,受油作业时供应船与受油设施均应有人值班监视,一旦发生事故应立即关泵停输。

3.2.5 船舶碰撞

油轮发生大型溢油事故,在世界各地屡见不鲜。在原油外输过程中,导致溢油事故发生的可能原因有设备、人为和自然因素等。一般来说,碰撞、触礁、搁浅、起火、爆炸以及恶劣海况下的海损事故和误操作是导致油轮发生大型溢油事故的直接原因。

3.2.6 地质性溢油事故

根据现在的油田开发实践,地质性溢油事故可能有两类:一是注水井注水导致各油组层间压力差异较大,局部油组层地层压力高于原始地层压力,致使附近断层处于不稳定状态,原油沿断层纵向运移并溢至海床;二是钻井过程中,钻遇高压层发生井涌事故,在处理井涌过程中,压井造成上部地层破裂,导致油基钻井液和地层流体沿破裂通道溢出海床。

2011 年 6 月 4 日,康菲石油(中国)有限公司(简称"康菲公司")渤海蓬莱19-3 油田发生的溢油就是典型的地质性溢油事故。蓬莱 19-3 油田处在郯庐断裂带上,为一个在基底隆起背景上发育起来的、受两组南北向走滑断层控制的断裂背斜,构造带走向近南北,长约 12.5 km,东西宽 4～6.5 km,构造总面积约68.6 km²。东组走滑断裂带延伸数十千米,西组走滑断裂带延伸十几千米,在油田的主体部位,西组走滑断裂带还发育次一级的分支(走向 NNE,延伸长度约6 km)。主控走滑断层的派生断层多为 NE－SW 走向、呈羽状分布的正断层,在油田主体区共解释出 60 余条,延伸长度 0.1～3.7 km,断距 5～300 m。走滑断裂以及 NE－SW 走向的派生断层,将蓬莱 19-3 构造由南至北分割为多个垒、堑相间的断块。该区域断层早期走滑为主、后期升降为主的动力学性质,在一定程度上决定了烃早期迁移以水平为主、晚期以铅直方向为主,这亦成为地质性溢油的因素之一。断层长期活动,形成通达海底的"通天断层"。

蓬莱 19-3 油田的含油井段长,储层非均质性明显,长期的笼统注水造成个别注水层长期处于超压状态,形成了纵向窜流通道,导致溢油事故。

3.3 溢油行为动力过程

石油溢入海洋之后,在海洋特有的环境条件下,有着复杂的物理、化学和生物变化过程,并通过这些变化,最终从海洋环境中消失。这些变化包括扩散、漂移、蒸发、分散、乳化、光化学氧化分解、沉积以及生物降解等。石油的理化特性和溢入海洋环境中的变化使溢油在海面上形成了非均匀分布的情形——中间部分比边缘部分厚,类似薄透镜形状,并且大部分油聚集在溢油点的下风向。这种现象不是油的单一特性和海洋环境的单一因素所能决定的,而是多种因素的综合作用而形成的(中海石油环保服务有限公司,2010)。

3.3.1 溢油扩散

石油溢到海面上,人们首先看到的就是油的扩散。这主要是油在重力、黏度和表面张力联合作用下产生的水平扩散。起初,重力起主要作用,所以油的扩散受油的溢出形式影响很大。如果油的溢出形式是瞬间大量溢油,则其扩散要比连续缓慢溢油快得多。油溢出几小时后,油层厚度大大减小,此时表面张力作用将超过重力作用,成为导致溢油扩散的主要因素,溢油将在水面形成镜面似的薄膜,它的中间部分比边缘部分厚。对于少量高黏度的原油和重燃料油,它们不易扩散而以块状逗留在海面上。这些高黏度油在环境温度低于其倾点温度时几乎不扩散。当溢油在水面上形成薄膜后,进一步的扩散主要是靠海面的紊流作用。油膜并非是连续的,它受风和海流等的影响,随着时间的变化,会出现形状不同、厚度不同的油膜,或呈油带,或呈碎片。

3.3.2 溢油漂移

漂移是指海面油膜在风、海流及波浪的作用下的平移运动。油膜平移主要取决于海面风场和流场,流场可以认为是潮流、风海流、密度流、压力梯度流以及冲淡水流的合成矢量场。在近岸海域,潮流和风海流是决定溢油漂移的重要因素。实际观测表明:溢油若发生在开阔海域,溢油的漂移速度主要取决于风的作用;而在近海或者沿岸,潮流将是溢油漂移不可忽视的因素。

油膜的漂移过程是极其复杂的,涉及许多因素。这一过程通过计算机模型可以进行比较准确的预测。但是,溢油现场实时风和流的数据难以随时获得或所获得的数据不准确,那么,预测的结果也不准确。利用储存的大量风和流的历史数据分析溢油漂移,结果是比较准确的,但这只对同一水域的溢油事故才有意义。

(3.3.3) 溢油蒸发

溢油蒸发能够导致溢油特性的变化。蒸发后留在海面上的油比其原来的密度和黏度都要大。蒸发带来了海面溢油量的减少,还影响着溢油的扩散、乳化等,并且会引起火灾和爆炸。影响蒸发的因素有油的组分、油膜厚度、环境温度、风速及海况等。

油的组分对其蒸发的影响最大,可决定其蒸发速度和总量比。原油及其炼制品中的轻组分含量越高,越容易蒸发。多数原油和其轻质炼制品的轻组分含量较高,溢到海面后,蒸发的速度快,蒸发总量比大。溢油中碳原子数小于 15 的烷烃可以全部蒸发,$C_{16} \sim C_{18}$ 的烷烃可蒸发 90%,$C_{19} \sim C_{21}$ 的烷烃可蒸发 50%。汽油的主要组分为 $C_9 \sim C_{11}$ 的烷烃,因此溢到海面后,可以全部蒸发掉。重质原油和重燃料油轻组分含量较低,因此蒸发慢,蒸发总量比也很小。

溢油在海面的蒸发速率随时间的延长而减小,溢油在最初几小时内蒸发得很快。一般环境条件下,多数原油和其轻质炼制品在 12 小时内可蒸发掉 25% ～30%,在 24 小时内可蒸发掉 50%。

油膜厚度影响溢油的蒸发速率。一定量的溢油,油膜越薄,暴露在大气中的油膜面积越大,蒸发得就越快。但是,油膜厚度不会影响其蒸发的总量比。

温度对溢油蒸发的影响涉及蒸发速率和蒸发总量比,温度越高,油蒸发得越快;同一种油,高温时蒸发的总量比大,低温时蒸发的总量比小。

大气压对油的蒸发有影响,但是这种影响不大。风速主要影响溢油的蒸发速率。风速越大,蒸发越快。海况对溢油蒸发也有一定的影响,海况越差,蒸发越快。

当给定溢油品种和溢油量、油膜厚度、环境温度和风速时,可用计算机模型准确地预测某一时间的溢油蒸发量。实际溢油事故中也可以用蒸发曲线估算蒸发量。

3.3.4 溢油的溶解

溶解是石油中的低分子烃向海水中分散的一个物化过程,也是一个自然混合过程。溶解的速率和强度取决于油的成分、物理性质、油膜面积、水温、湍流和垂直分散作用。烃类不易溶于水,石油主要由各种烃类组成,所以溢油的溶解对于清除海面溢油没有多大影响。在石油中,20 号重柴油的溶解能力最大,它在海水中的自然混合作用也最强,对海洋生物的危害也最大;而重燃料油和大部分原油的溶解能力相对较差,其在海水中的自然混合作用也较弱。

3.3.5 溢油的分散

分散是指溢油形成小油滴进入海水的过程。海面的波浪作用于油膜,产生一定尺寸的油滴,小油滴悬浮在水中,而较大的油滴升回海面。这些升回水面的油滴处在向前运动的油膜后面,不是与其他油滴聚合形成油膜,就是扩散为很薄的油膜,而呈悬浮状的油滴则混合于水中。这种油的分散造成了油的表面积增大,能促进生物降解和沉积过程。

自然分散率很大程度上取决于油的特性及海况,在碎浪出现时油分散得快。低黏度油(如汽油、柴油)在保持流动、不受其他风化过程阻碍的情况下,数天内能完全分散。相反,高黏度油或能形成稳定油包水乳化液的油,容易在水面形成不容易分散的厚油层。这类油(如重质原油和重燃料油)可在水面存留数周。

3.3.6 溢油的乳化

乳化是指溢油形成油包水乳化液的过程。在破碎波产生的湍动过程中,水滴被分散到油里形成油包水乳化液,呈黑褐色黏性泡沫状漂浮于海面。乳化作用一般在溢油发生后的几个小时才发生。

许多油类易于吸收水而形成油包水乳化液,体积会增加 3～4 倍。这种乳化液通常很黏,不容易消散。多数油在任何海况下都能迅速形成乳化液,其稳定性依赖于沥青质的含量。沥青质含量大于 0.5% 的油,易形成稳定的乳化液,即通常所说的"巧克力冻";而沥青质含量小于此值的油易于分散。油的乳化液在平静海况下或搁浅于岸上时,因日晒受热,还会重新分离为油和水。

油的乳化速度取决于油的特性和海况,乳化液的含水量只取决于油本身。油吸收水分常使油由黑色变成棕色、橘黄色或黄色。随着乳化的进程,油在浪中的运动使油中的水滴越来越小,乳化液变得越来越黏。随着吸水量的增加,乳化液的密度接近于海水。

溢油一旦乳化形成"巧克力冻",就对应急处理造成了困难。"巧克力冻"含量越大,溢油分散剂的作用越小;当乳化液的含水率达 50%～60% 时,分散剂就完全失去效用。如果用撇油器回收含有"巧克力冻"的油,由于其黏度的增加,回收效率降低,并且大大地增加了运输量。

据报道,"巧克力冻"的形成,有的可使回收油的量增加 10 倍。"巧克力冻"在海洋环境中很难自然消除,如任其漂流,碰到固体物质或海滩就会黏附在上面,对环境的污染很难消除。

3.3.7 生物降解

生物降解是海洋环境本身净化溢油最根本的途径。溢油发生后,生物降解过程一般可持续数年之久,其清除石油的能力取决于能够降解石油的海洋微生物。目前已发现 200 多种微生物能够降解石油,这些微生物一般生长在海面及海底。微生物对溢油的降解作用使油污从根本上得以消除。影响生物降解的因素主要有温度、含氧量及营养物质氮和磷的含量。据报道,在常年受溢油污染的海域,微生物每天可从每吨海水中清除 0.5～60 g 溢油。但溢油一旦与沉积物混合,由于微生物缺乏养料降解速率会大大降低。

通过生物降解可以清除溢油,所以近年来开发了含营养物质的溢油分散剂,其中添加的营养物质能增强微生物的繁殖能力,增强生物降解作用。

3.3.8 氧化作用

石油的烃类化合物与氧作用不是分解为可溶性物质就是结合为持久性焦油。氧化反应由于日晒而加剧,并伴随于油膜扩散的始终,但是相对于其他变化过程,氧化的量是微不足道的。氧化的速率较慢,特别是高黏度、厚层油或油包水乳化物的氧化很慢。

3.3.9 沉降

沉降是溢油在海洋中经过蒸发、乳化等变化,其密度增加,有些重残油的相对密度大于海水密度而下沉。但是几乎没有这么大密度的原油可靠自身的沉降作用沉降于海底。溢油是通过三种途径沉降的。

(1) 溶解的石油烃吸附在固体颗粒上下沉。

(2) 分散的油滴附着在悬浮颗粒上下沉。

（3）轻组分挥发、溶解后的剩余组分由于密度增大而生成半固态小焦油球下沉。

浅水区和江河口处经常夹杂着大量的悬浮颗粒，这会促使溢油沉降。溢油的沉降有时也会受温度影响，在很冷的天气里，溢油漂浮于水面上；当晚上气温下降到更低时油会沉到水面以下；当白天气温回升时它又重新回到水面上。沉积在海底（或河床）的溢油经过一定的时间之后，一部分被生物降解，一部分在沉积矿化作用下得到净化。

溢油的蒸发、分散、乳化、溶解、生物降解、吸附沉降和氧化称为溢油的风化。溢油的风化是一个相当复杂的过程，不是任何一种物理化学现象所能解释的。因此，目前对溢油的风化过程还没有量化解释。

3.4 溢油的环境损害

2007 年公布《海洋溢油生态损害评估技术导则》规定，海上溢油生态损害是，"因海洋石油、天然气勘探开发，海底输油管道、石油运输、船舶碰撞以及其他突发事故造成的石油或其制品在海洋中泄漏而导致海域环境质量的下降，海洋生物群落结构破坏及海洋服务功能的损害。"

3.4.1 溢油对海洋生态的损害影响

3.4.1.1 对海洋生境的影响

海洋生境是各类海洋生物和生物群落的栖息地环境，是海洋生态系统的重要组成部分。典型的海洋生境类型有海水、海底沉积物、滨海湿地、河口区、红树林、珊瑚、海草床等。海洋石油污染通常导致海洋生物环境质量下降，对海洋生物的生存带来威胁。下面介绍溢油污染对几种典型海洋生物影响（杨建强 等，2011）[7-10]。

（1）对海水质量的影响。

海水是浮游生物、游泳动物的活动场所。溢油在海面形成油膜并在海洋环境动力作用下漂移扩散，当大范围覆盖于海面时，会遮挡了太阳光对海水中的辐射量，将影响浮游植物的光合作用。溢油中的低分子量石油烃（如单环芳香烃、多环芳香烃)及金属成分(铅、锌等)溶解于水体中,引起海水质量的明显下降,不但会毒害各种海洋生物,而且引起游泳动物的大量逃离。

(2) 对海底沉积物环境的影响。

海底是大量底栖生物的生活处所,其海洋生物多样性特征明显。大量溢油事故表明,溢油事故中大部分污染物最终沉降到海底,这些含有多环芳香烃、重金属等毒性物质的污染物将改变底栖生物原有的生存环境。通常来说,这些污染物对生物产生长时间的毒性效应,一些耐受性差的生物死亡,一些耐石油污染的生物却繁衍起来,导致生物多样性产生变化,最终改变海底生态系统的结构和功能。

(3) 对滨海湿地的影响。

湿地有"地球之肾"的美誉,滨海湿地在净化环境、调节气候、保护生物多样性方面有着重要作用。滨海湿地处于海陆过渡地带,具有很高的生产力,目前我国许多入海口的滨海湿地都进行滩涂围垦养殖等经济活动。溢油污染物在海水涨退潮过程中大量积存于此类区域中,使底栖生物的栖息环境恶化,容易造成许多重要经济贝类和鱼虾类繁殖场的丧失,也可能使一些濒危保护动物的数量大为减少。

(4) 对红树林的影响。

溢油事故发生后,油膜在海水高潮时漂进红树林,在退潮时留在红树植物的气生根及沉积物的表面。油污逐渐堵塞气生根中呼吸根的呼吸孔,红树植物难以摄取氧气,可能会死亡。

(5) 对珊瑚礁区的影响。

珊瑚礁区的单位面积的生物生产力一般比其附近海域的生物生产力高出50~100倍。珊瑚礁区被视为世界上生物多样化最强、最为复杂的海洋生态群落,单单一个珊瑚礁就可能包含 3 000 个物种,在海洋的地球化学物质平衡中发挥着重要作用。珊瑚礁区受到海上溢油污染破坏后,其海水质量下降,会引起珊瑚虫和共生藻类的死亡,使支持珊瑚礁生物群落的能流、物流效率下降。若溢油规模较大,则可能给珊瑚礁生态系统带来毁灭性的冲击。

3.4.1.2 对海洋生物的损害

海洋石油污染导致最严重、最直接的后果是对海洋生物的危害。海洋石油污染物给生物带来的危害有短期危害和长期危害两种,主要表现在以下几个方面。

(1) 对海鸟的危害。

海洋石油污染对海鸟的危害最为明显,常常造成海鸟的大量死亡。漂浮于海面上的石油污染物黏附在海鸟的羽毛上,充满了羽毛之间的空隙(通常羽毛间充满了空气),从而破坏了羽毛的保温性能,使海鸟体重增加而丧失了飞翔的能力,只得在海面上漂浮,只能靠消耗原来体内储存的能量来维持生命,体质下降而导致死亡。当海鸟感到羽毛上黏有石油污染物时,会惊慌失措,于是便反复潜水企图冲洗掉羽毛上的石油污染物。结果水面上的油斑会越来越多地集结在羽毛上,加速了其死亡的进程,这是海洋石油污染使海鸟致死的重要原因。另外,海鸟还常把石油或其衍生物吞进肚里,使其多个器官受到致命损伤。

(2)对海洋哺乳动物的危害。

大多数海洋哺乳动物外体表有毛,它们呼吸时要上浮到海面,如果海面上有浮油,毛就会被黏住而丧失其防水性能与保温能力。而对于鲸、海豚等体表无毛的海洋哺乳动物来说,石油虽然不能直接将其致死,但是油块能堵塞它们的呼吸器官,妨碍其呼吸,严重者会窒息而死。

(3)对海洋鱼类的危害。

海洋石油污染短期内对成鱼并不产生明显的危害,但是毒性大的燃料油能大量杀死鱼类。鱼的体表、嘴和鳃都有一层黏性的防油薄膜,如果将鱼浸泡在含油废水内,半分钟后再放回清洁水中,鱼体上的油就会完全漂走,并不产生危害。但是把石油残渣或轻质燃油涂在鱼鳃上,鱼很快就会窒息死亡。石油污染对幼鱼和鱼卵的危害很大。由于鱼卵一般为附着性卵,随水流漂移,而仔稚鱼游泳能力较差,油膜对鱼卵的黏着、渗透等直接影响鱼卵的孵化率及孵化质量,而仔稚鱼对石油污染反应极敏感,较小的油浓度即能引起仔稚鱼的死亡和畸形。沉降的油块也能对一些沉性卵产生影响。油膜和油块能黏住大量鱼卵和幼鱼。在受到石油污染的海水中孵化出来的幼鱼大部分是畸形的,不但鱼体扭曲,而且没有生命力。

因此,一旦发生溢油,油膜所经过的水面,将对鱼卵和仔稚鱼产生毁灭性的破坏,油膜所经水域的鱼卵和仔稚鱼可能全部死亡。

(4)对浮游生物的危害。

海水表面的油膜会降低透光性,妨碍浮游植物的光合作用,堵塞浮游动物的食物过滤系统和消化器官,影响浮游生物正常活动和生理过程。研究者对浮游动物的运动进行跟踪观察,他们发现当天色明显变暗以后,许多浮游动物会错把白天视为黑幕降临,本能地从海水深处游向海水表层。在被石油薄膜大面积覆盖着的海域,这些浮游动物会不分昼夜地留于海水表层。这一观察事实表明,石油薄膜起到了类似日全食的作用,可以改变浮游动物的正常活动习惯。

（5）对底栖生物的危害。

石油污染发生后，相当一部分石油污染物会渐渐沉到海底，因此底栖动物不但受到海水中石油污染物的影响，而且也会受到沉降到海底的石油污染物的影响。在比较大型的底栖动物中，棘皮动物对水质的污染十分敏感，甚至在海水遭受污染 7 年后其死亡率仍然很高。例如，"达姆毕科·马鲁"号油船失事以后，该海区原来生存着的大量海星和海胆，在遭受石油污染后的 6 年以内，未发现其在此海区内重新活动，表明石油污染对海星和海胆等棘皮动物的潜在威胁是很大的。

软体动物栖息在海底。当大量石油污染物从海面下沉时，石油能够堵住软体动物的出水管和入水管，石油氧化时消耗底层海水中大量的氧气，这些都会造成软体动物死亡。对于滤食性的双壳类软体动物来说，当海水中有大量石油小滴时，会被吸入软体动物的入水管，聚集在内套膜腔内。

海水中含有 1% 甚至 0.1% 的燃料油就会对牡蛎产生明显影响，而当浓度达到 0.3%～0.4% 时，牡蛎在一周内即可死亡。浅滩上受石油污染的牡蛎同样会丧生，即使活下来的也不能被食用。被石油污染的牡蛎有一股浓浓的石油味，这股味道可以存在一个多月之久。

（6）对海藻的危害。

大型海藻（例如褐藻）的表面通常有一层藻胶膜，能够防止油类的侵入。而小型藻类则没有这种防油性能，很容易因受到石油污染而大量死亡。石油还能妨碍海藻幼苗的光合作用。浓度为 0.1% 的柴油乳化液 3 天内几乎就能完全阻止海藻幼苗的光合作用，而燃料油对海藻幼苗的毒性更大。

（7）对珊瑚虫的影响。

科学家经研究指出，珊瑚虫与其他海洋动物的重要区别之一是其对石油污染特别敏感。这是因为它们不同于鱼类、海豹、海象、海豚、鲸类，它们既不能靠逃跑来摆脱石油污染，也不能隐藏于任何"安全"的角落里。

（8）对海洋生物幼体的影响。

对石油成分的分析表明，石油中含有的轻芳香烃物质及其衍生物质在原油中含量不超过 5%，但在净化了的石油产品（如煤油）中，其含量可达到 20%。海水中致命的轻芳香烃物质及其衍生物质，对不同的海洋动植物的影响也不相同。海洋生物的幼体对石油污染都十分敏感，这是因为它们的神经中枢和呼吸器官都很接近表皮，其表皮都很薄，所以有毒物质很容易侵入体内，而且幼体的运动能力较差，不能及时逃离污染区域。

3.4.1.3 对海洋生态系统的危害

海洋石油污染能够造成物种损害及生态系统失衡,改变或破坏海洋生态系统。海面漂浮着大量油膜时,能够降低表层海水中的日光辐射量,从而引起依靠光合作用的浮游植物数量的减少。众所周知,浮游植物处于海洋食物链的最底层,其初级生产力约占海洋生物总生产力的90%。浮游植物数量减少自然会引起食物链中更高环节上的生物数量相应减少,这样就导致了整个海洋生物群落的衰退。

石油污染导致大量的海鸟死亡,在海鸟种类和数量减少的同时,作为其饵料的上层鱼类数量会增加,上层鱼类的增加同样也能引起浮游植物数量的减少。由于浮游植物又是海洋中甚至整个地球上氧气的重要供应者,所以海水中溶解氧的含量也将随之降低,最终结果是导致海洋生态平衡的失调。一些厌氧的种群繁殖,而好氧的生物则衰减。研究发现,在自然环境中,海洋生物的许多习性如寻找食物、躲避天敌、区系选择、繁殖都会受到海水中一些浓度极低的化学物质的控制。当环境受到石油及其他一些物质污染时,这类化学物质的浓度会发生变化,生物的上述习性可能受到影响。一旦对石油污染敏感的种群减少,而其余种群则相应增加,会改变生物群落原有的结构。

多环芳香烃化合物能够在海洋生物特别是底栖生物组织和器官中聚集起来,缓慢而长期释放毒性。当这些中毒了的海洋生物被其他海洋生物食用后,后者也会中毒。还要指出的是,观察和实验室的实验结果表明,石油污染物对海洋生态系统的损害程度与石油污染浓度有密切联系。研究表明,当石油浓度不超过1%时,对硅藻的生长不但没有损害,反而起到促进作用;随着石油浓度的增加,毒害作用逐渐显现出来;浓度越大,毒害越大,对海洋生态系统的危害也越重。

3.4.2 溢油对渔业和水产业的影响

当海上溢油出现时,成鱼会很快游离溢油污染区域。当浅水区域受到溢油污染时,生活在该区的幼鱼将受到严重危害。养殖区域受到油污后,所养殖的鱼和海带等水产品是不能食用的。据不完全统计,我国在1999年共发生较大突发性海洋渔业污染损害事故104起,造成直接经济损失约2.7亿元,其中特大渔业污染损害事故(经济损失在1 000万元以上)3起,重大渔业污染损害事故(经济损失在100万元以上1 000万元以下)12起。2000年共发生较大渔业污染损害事故120余起,造成直接经济损失约3亿元,其中特大渔业污染损害事故4起、重大渔业污染损害事故11起。

3.4.3 溢油对健康的危害

发生溢油后,石油因其沸点低而挥发成油的蒸气进入空气,人长期暴露在受污染的环境中会产生各种中毒症状,严重的情况下人体免疫系统会被破坏。

除油蒸气会造成人体损害外,石油的毒性还可以通过其他途径进入人体产生危害:① 吸入。溢油的薄雾或飞溅的油泡沫通过人的呼吸进入人体肺部。② 皮肤接触。溢油通过人的皮肤的表层和汗腺进入人体造成危害。③ 摄取。食用被溢油污染过的海产品也会危害人体健康。因此,在处理海上溢油作业时,要充分认识其危害性,采取相应的处理防护措施。

海上溢油后,容易产生易燃易爆的危险,给安全生产带来极大风险。在溢油的初始阶段,轻质原油等易产生易燃气体,当易燃气体浓度很高时,容易引起火灾或爆炸,这给溢油应急作业带来了巨大的安全风险。因此,在进行溢油的应急反应时,我们首先要了解溢油的类型、闪点等危险参数,以便采取安全的防护措施,避免因操作不当等造成更大事故。

3.4.4 溢油使得渤海经济、环境受到损害

自然环境的损害很快便会传递,给渤海海域经济环境造成影响,如图 3-1 所示。由于渤海鱼类、鸟类和浮游生物受到严重的危害,这会使得渤海周边地区的捕捞、养殖、水产品加工、旅游和沿岸工业等受到影响,进而还会对渤海周边的经济发展、就业等产生难以估计的影响(图 3-2)。据统计,渤海事故受灾地区的同渔业有关的产业减产 90% 以上,烟台渔民养殖的扇贝几乎完全绝收,其余多种海产品也因受到溢油污染影响而大量减产。此外,由于市场信心受到污染的影响,渤海周边地区多个石油石化项目停止开发,这可能导致上百亿元的损失。总而言之,溢油对渤海经济环境的影响是巨大的(孙云飞,2014)[30]。

图 3-1　渤海海域受到溢油污染而死亡的养殖鱼类

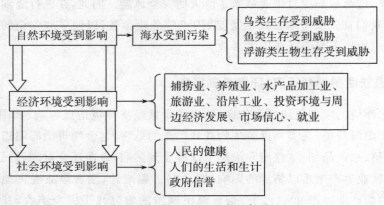

图 3-2　海上溢油灾害分析图

3.4.5 溢油灾害对社会环境的影响

　　由于渤海受灾地区的自然环境和经济环境遭到一定程度的破坏,这种破坏会逐渐传递给社会环境。首先,海产品的污染会对渤海地区人们的健康产生影响。渤海受灾地区的人们因为食用受到污染的海产品,喝带有油污的淡水,身体健康可能受到污染的影响;其次,事故造成的巨大经济损失对事故发生地附近人们正常生活、生计造成不同程度的创伤,渤海许多地区的渔民以渔业为支柱,由于捕捞业和养殖业受到影响,许多受灾地区的渔民无法再以捕捞或者养殖为生,人们的正常生活和生计都很难得到保障,这使得社会不稳定因素逐渐出现;再次,在应对渤海溢油事件中,相关政府部门的处理存在许多问题,这又使得政府信誉受到影响(图 3-2)(孙云飞,2014)[31—32]。

3.5　渤海溢油的典型案例——蓬莱 19-3 油田溢油事故

3.5.1　蓬莱 19-3 油田位置及事故概况

渤海蓬莱 19-3 油田位于 $38°17'N\sim38°27'N$，$120°01'E\sim120°08'E$，西北距塘沽约 216 km，东南距蓬莱区约 80 km。油田范围水深 27～33 m。蓬莱 19-3 油田为目前渤海海上最大的油气田，整个油田共有 7 个生产平台、256 口井，包括生产井 193 口、注水井 57 口、岩屑回注井 6 口。康菲公司拥有 49% 的股权，剩余 51% 的股权归中海油所有。康菲公司负责油田的开发生产作业管理。2011 年 6 月，蓬莱 19-3 油田 B、C 平台发生溢油事故，事故联合调查组经调查将其定性为"重大海上溢油污染责任事故"。6 200 km² 的海域在溢油事故中受到污染，其中受到重度污染（超四类海水水质标准）的海域占到 870 km²，造成了价值约 16.83 亿元的海洋生态损失。事故期间，责任方康菲公司遭到多方起诉，并被指责处理事故不力。

3.5.2　蓬莱 19-3 油田溢油污染事故及处理过程回顾

2011 年 6 月 4 日上午 10 点，蓬莱 19-3 油田东北方向 650 m 附近海面发现少量亮色油膜，国家海洋局北海分局（以下简称北海分局）接到康菲公司 HSE 部门经理电话报告。自此开启了此次溢油事故的调查之路。经北海分局调查，从 6 月 3 日起，B 平台工作人员发现该平台东北方向约 600 m 处有向西北延伸的异常亮带，6 月 4 日到 7 日，B 平台东北侧的溢油持续发生，油田方布置围油栏，驻守平台上的执法人员调用平台的直升机、工作船开展持续的调查取证工作。此后的溢油回收处置工作效果不明显，现场溢油规模扩大。到 6 月 12 日，北海分局组织专家进行分析，确认溢油来自蓬莱 19-3 油田。6 月 17 日中国海监船执法人员发现 C 平台海面出现黑棕色扇形油带，接着发生了小型井涌。随后，康菲公司宣称利用打水泥塞的方式成功控制住平台漏油。

但在随后的调查中，发现仍有溢油不断出现。在蓬莱 19-3 油田 B、C 平台附近海域,由于没有立即可行的封堵技术,原油不断从海底溢出,单日溢油最大分布面积达到 158 km²,泄漏的石油极大地破坏了渤海湾及渤海沿岸的海洋动植物栖息地,使该地区的渔业、养殖业和旅游业等产业遭受重创。2011 年 7 月 5 日,国家海洋局公布了事故调查进展,称漏油处已得到有效的控制,漏油导致 840 km² 的海域被污染,随后被证实漏油还在继续,民众对于政府部门的此次信息发布产生了严重质疑(文琦,2013)[12]。

2011 年 7 月 11 日至 8 月 12 日,溢油事故不断恶化,造成的生态环境破坏和经济损失日益严重。7 月 11 日,国家海洋局发布消息称,在溢油事故原发的 B、C 平台附近有油带再次出现,C 平台中有少量石油还在溢出。此时,840 km² 面积的海域因溢油受到严重污染,由第一类水质下降为第三、四类水质的海域也达到 3 400 km²。同时由于污染,在溢油点附近约 20 km² 的海域中,海域沉积物质量由第一类下降为第三类。7 月 13 日,国家海洋局勒令溢油的 B、C 平台停产,此时距首次溢油事发已经 39 天。7 月 28 日,康菲公司被国家海洋局通告要做到彻底排查溢油风险点和封堵溢油源,并责令其在 8 月底之前彻底封堵溢油点。至 8 月 3 日,康菲公司称蓬莱 19-3 油田原油及油基泥浆溢出量超 1 500 桶。8 月 10 日,康菲公司因为清理油污不力,处理工作不断出现延误的情况,被国家海洋局要求对公众道歉。次日,中海油公司表态致歉并称将监督康菲公司清污。

2011 年 8 月 16 日至 11 月 11 日,国务院七部委组成联合调查组展开调查。国家海洋局提出将聘请律师团队,对康菲公司提起公益诉讼。康菲公司和中海油在 8 月 18 日向联合调查组汇报了事故情况。8 月底,国家海洋局收到康菲公司提交的溢油情况报告。进入 9 月后,康菲公司公开承认油污清理工作尚未完成,国家海洋局对报告及封堵溢油源情况进行了核查。9 月 2 日,蓬莱 19-3 油田被国家海洋局勒令全部停产。9 月 4 日,油田的 231 口油井全部停止生产,油田完全关闭运营。9 月 7 日,在向国务院汇报了溢油处理情况后,康菲公司宣布设立渤海湾基金。9 月 12 日,封堵溢油方案由康菲公司实施,中海油对其进行监督。9 月 14 日,监测发现蓬莱 19-3 油田每日均出现小范围的油带,油田漏油现象仍未制止。随后,为防止有类似情况出现,所有在渤海从事石油勘探开发的公司被全部要求进行自我检查,全面做好风险排查工作(王宇平,2013)[13]。

3.5.3 蓬莱 19-3 油田溢油污染事故原因调查

联合调查组技术组(以下简称技术组)于 2011 年 8 月 19 日正式成立。技术组聘请以石油地质、油田开发、油藏工程、钻井工程专业为主具有油田勘探开发深厚理论知识和丰富生产经验的 10 位专家,经报联合调查组同意作为技术组成员,开展调查、咨询。技术组成立当日即制订调查方案,详列调查取证资料清单,登海上采油平台现场调查,赴青岛等地研究前期实际材料(岳来群 等,2018)[173]。2011 年 11 月 11 日,国家海洋局公布了事故联合调查组的调查结果,结果显示:康菲公司在蓬莱 19-3 油田生产作业过程中没有执行相关方案,事故被定性为"重大海上溢油污染责任事故"(王宇平,2013)[13]。

技术组 3 次质询中海油等,从油田总体开发方案(ODP)、环境影响报告书、钻井设计、开发方案的实施、事故现场处置等方面,深入分析溢油发生机理,查找事故原因(岳来群 等,2018)[173]。调查结果表明此事故为责任事故:第一,蓬莱 19-3 油田获批准的开发方案为分层注水开发方式,而康菲公司在作业过程中没有按规定执行已批准的开发方案;第二,在溢油事故发生前,康菲公司就已经发现部分油井有少量溢油存在,但没有及时进行封堵,康菲公司严重忽视已出现的事故征兆,没有采取应急措施;第三,康菲公司作业管理运营模式松懈,施工作业部门设计方面出现了重大失误(文琦,2013)[12]。

B 平台开发方案未考虑蓬莱 19-3 油田储层埋藏浅、展布不稳定,张性及走滑断层发育的特征。作业者未依据开发方案的精细分层注水要求,笼统混层注水,导致注水井与采油井连通差的注水层产生超压,作用到断层面,破坏断层的稳定性,形成窜流通道,发生海床溢油。C 平台事故的关键是岩屑、黑水等回注。擅自上调岩屑回注层为 C 平台溢油事故的根本原因之一。作业者没有实现彻底封堵溢油源的目标,未按经核准的油田总体开发方案和环境影响报告书的要求实施作业,是事故发生的主要原因,溢油事故属于责任事故(岳来群 等,2018)[174]。

2011 年 6 月 4 日的蓬莱 19-3 油田溢油事故原因是复杂的。管理不到位也是事故的主要原因。事故发生前,蓬莱 19-3 油田开发平台上事无巨细均须经塘沽前线指挥所转请北京总部,待答复后方可行动。作业者始终将收益置于首位,追求高速、高产,油田开发速度过快也是溢油的又一直接原因。油田的开发速度、产量须参照用海强度、国际油价、生态环境保护的需要等有所节制(岳来群 等,2018)[176]。

3.5.4 蓬莱 19-3 油田溢油污染损害赔偿

由于蓬莱 19-3 油田是由中海油和康菲公司共同开发的,双方都应承担责任。根据事故调查结果显示,康菲公司未按照预定的开发方案进行施工,且在出现漏油后没有及时开展救援工作,耽搁了最佳的处理时机,造成了严重的后果。而中海油作为开发方,承担管理不力的责任。经鉴定,认定康菲石油公司对该事故承担主要的责任,中海油承担部分责任(文琦,2013)[12]。

本次事故造成了数千平方千米的海域受到污染,给渤海的海洋生态环境和海洋生物以及渔业带来了严重的灾难。作业方康菲公司及其合作方中海油对于应当予以关注和防备的溢油风险没有形成足够的重视,在溢油事故发生后,其事故处置也不及时。后续的索赔工作也是异常波折。

根据北海分局、康菲公司、中海油在 2012 年 4 月共同签订的海洋生态损害赔偿补偿协议中的规定,中海油和康菲公司共出资 16.83 亿元,其中康菲公司出资 10.9 亿元,对造成的损失进行赔偿;中海油和康菲公司分别出资4.8亿元和1.13 亿元用于保护渤海环境。

经过行政调解,对辽宁、河北等渤海周围省份的部分地区养殖渔业、天然渔业资源所受损害,由康菲公司出资 10 亿元进行赔偿。康菲公司列支 1 亿元,中海油列支 2.5 亿元,用于环境调查监测评估、科研以及渔业资源的修复和养护等方面工作。

3.5.5 蓬莱 19-3 油田溢油污染处置暴露的问题

3.5.5.1 危机忧患意识较弱

文化意识虽然只是一种软约束,但有时候能直接决定应急管理的成败。一般来说,文化是指一个地方人们的历史、风土人情、传统习俗、生活方式、思维方式等诸多要素的集合。在灾害应急管理当中,文化包含生态文化、行政文化、社会文化。所谓的生态文化是人们对大自然生态的看法或者观念,而这种对大自然生态的看法或者观念对人们的行为以及思维方式等都会产生非常重要的影响。行政文化通常是指行政体系对行政工作的看法和思维方式。关于社会文化,我国民间缺乏忧患意识和危机文化,所以我们在应急管理中通常出现重救轻防的思想。再加上许多地方政府习惯用"由外到内"的行为方式来处理各种各样的突发事件,结果使应急管理的难度加大(孙云飞,2014)[38—39]。

我国的海上溢油应急工作长期处于重应对、轻预防的局面,经常是在危机发生后临时补救,加上大型的海上溢油事故不经常发生,我们对海上溢油的危机意识不足。这样的观念缺失导致我们的溢油应急工作经常处于疲于应付、被动应急的局面,在重大溢油事故面前缺乏快速反应能力,导致错过应对溢油事故的最佳时期。从海上应急的管理部门到海上石油公司,再到普通公众,都普遍存在一种侥幸心理,在思想上对危机管理不重视,缺乏规避风险的警觉性,这就导致缺乏敏锐的判断能力和危机应对能力,势必影响溢油应急工作的开展。轻视预防工作最显著的一个后果就是前期投入不足,无论是人员设备上还是应急预案编制上,在人员设备上投入不足,会使专业的海上应急人员缺乏,溢油应急设备落后,在应急预案的编制上,轻预防的观念会导致溢油应急计划的编写缺乏科学性。长期轻视预防工作使溢油应急投入不足,危机应对能力不足,整个应急管理体制的联动性和协调性就会不足,在溢油事件发生时,往往是采用临时抱佛脚的方式临时组建应急小组,临时调拨应急人员,在长期缺乏预防准备的情况下,有些部门的应急指挥能力存在欠缺,指挥应急工作能力不足,在溢油危机发生的初期未能抓住应急管理的关键时期,就会错过控制溢油的有利时机。在国外,社会公益组织是溢油应急队伍中的重要力量,对清理海上石油污染起到重要作用,但是在我国,大部分公众觉得海洋环境保护与自己相隔较远,自己的力量也起不到任何作用,所以在海上溢油应急管理中公众参与度非常低,大大削弱了溢油应急管理的力量(王燕,2013)[19]。海上溢油灾害危机文化意识的形成是一个长期的过程,应通过长期的培养让人们逐渐养成危机应对观念,培养成自发性思维意识,以形成无须管理的自由应对的危机文化。

3.5.5.2 法律制度缺陷

(1)违法成本低廉:近年来我国海域溢油事故频发,根据 2010 年中国近岸海域环境质量公报显示,"2010 年全国沿海共发生 0.1 t 以上船舶污染事故 38起,总溢油量约 1 964.98 t。"国家虽然出台了相关政策但是仍然未能避免蓬莱19-3 油田溢油事故这类事件的发生,一个关键的原因就是与我国海洋环境保护相关的法律体系不完善。《中华人民共和国海洋环境保护法》(以下简称《海洋环境保护法》)第八十五条明确规定,对造成海洋环境污染的海洋石油勘探开发活动,对违法者处以 2 万元以上20 万元以下的罚款。这样低廉的违法成本对于康菲公司这样的国际大公司来说实在是微不足道的,根本起不到威慑的作用,当违法成本远远低于预防石油污染的成本时,就会对石油开采者缺乏约束力,缺乏保护洋生态环境的强制压力。而且,对于康菲公司的这种欺骗隐瞒的行为法律也没有明确的处罚规定,法律的漏洞让肇事者更加肆无忌惮。美国墨西哥湾溢油事件,巨额的赔偿几乎让英国石油公司破产,美国政府对其进行了 200 亿美元的罚款,另外为了赔偿溢油受害者,修复被污染的海洋生态环境,英国石油公司还自愿创建了一笔 200 亿美元的基金(王燕,2013)[19-20]。

(2)海洋生态损害赔偿概念界定模糊:目前我国还没有专门的针对海洋污染损害赔偿的法律,惩罚机制不健全。溢油事件发生后,由国家海洋局牵头组成律师团向康菲公司和中海油提起海洋环境生态损害赔偿诉讼,但是在索赔过程中却遇到无标准可循和赔偿范围无法可依的困境。我国法律对海洋生态损害赔偿明确规定,对于给国家造成重大损失的破坏海洋生态、海洋水产资源等行为,由行使海洋环境监督管理权的部门对责任者提出损害赔偿,这就为我国对污染海洋环境的责任人开展海洋生态损害赔偿诉讼奠定法律基础。但我国关于海洋生态损害赔偿缺乏具体的操作细则,首先,关于海洋生态损害的概念未做明确的规定。法律中仅仅对海洋生态损害做出这样一条原则性的规定,但是对其具体内涵并无规定,对于海洋生态损害都是一些管理和操作范畴的规定。其次,海洋生态损害难以量化。海洋生态损害往往是无法量化的,这种损害既无法体现在量上的增减,也无法体现出质上的变化,所以很难用经济上的方法予以衡量,因此只能根据经验和类似标准予以评估。海洋生态损害的影响是深远的,如果只是分析短期的损害,会导致海洋生态长期修复的资金不足、赔偿不到位等问题。再次,关于海洋生态损害的赔偿范围也没有明确的规定,我国法律法规还未对海洋生态损害的赔偿范围做出明确规定,在实践中依据的仅仅是国家部委的规章和最高人民法院的司法解释,这些文件不但未对海洋生态损害做出全面规定,而且法律权威不足。由此可见,法律上关于海洋生态损害赔偿的规定只是一条原则性条款,缺乏可操作性(王燕,2013)[20—21]。

(3)海上溢油应急管理法律不健全:2007年11月1日颁布的《中华人民共和国突发事件应对法》第一次对应对灾害事件的理念、目标、灾害应对组织、灾害应对规划、对可能发生的灾害进行监测与预警、灾难应急处理和救援、灾害恢复和重建工作以及法律责任界定等与灾害应对相关的事项做出了一些规定(孙云飞,2014)[40]。我国缺少一套统一的海上溢油应急管理法,主要依据的是《中华人民共和国海洋环境保护法》(2017年修正)、《中华人民共和国海洋石油勘探开发环境保护管理条例》(1980年)、《防治海洋工程建设项目污染损害海洋环境管理条例》(2006年)、《防治船舶污染海洋环境管理条例》(2017年第五次修订)、《中华人民共和国防治海岸工程建设项目污染损害海洋环境管理条例》(2018年第三次修订)等法律。我国关于海上溢油的应急反应的专门法律制定明显落后于国际标准。对于海上溢油事故应急反应机制,没有从整体上把握海上溢油应急管理体系的作用,未能明确国家海上溢油应急反应机制,因此无法实现国家海上溢油应急体系的作用。在应急管理中涉及多个部门,包括环保部、交通运输部、海洋局等,但这些部门之间存在职能交叉和利益冲突,如果没有法律明确规定其各自在溢油应急管理中应尽的职责的话就会出现相互推诿或者职能重叠的现象,未能发挥整体资源优势,使溢油应急应对能力大打折扣,所以需要一套完整、细化、可操作性的海上溢油处理法律法规,明确规定这些部门在应急管理中的作用,当危机发生时这些部门能够根据法律规定即刻开展救援工作而不必等到上级通知,以尽最大的努力将损失减少到最低(王燕,2013)[21]。

3.5.5.3 应急管理机制存在问题

我国的应急管理体系存在部门联动不足、协调不顺、缺乏有效监督;社会力量参与不足等问题。

(1) 部门协调困难:海洋环境管理政出多门,缺乏全面整合型的应急管理制度。《海洋环境保护法》规定,我国国家环境保护部门、海洋行政部门、海事主管部门和渔业主管部门等国家机构有权使用各自的海洋环境监视监督管理权限。而对于地方政府来说,各层级环保部门则主要是指导、监督本地区海洋环境保护工作。渤海周边地区就是这种条块分割非常明显的管理模式,这各部门有各部门自己的管辖范围,结果导致对应对不利。在处理蓬莱 19-3 油田溢油事故中,有好几个部门组织上相互重叠,职能也相互交叉,各部门各自为战。在这样的局面下,溢油应急管理体系难以做到信息互联、资源共享,无法在最短的时间内集中有限资源将溢油带来的损害降到最低,错过了应急管理的最佳时机。参与主体间这种条块分治、部门分割的局面亟须改变。

(2) 缺乏有效监督:海上溢油应急管理的责任机制和监督机制欠缺。在油污清理中欺骗瞒报的行为要承担法律责任,预防阶段对于应急准备不足和预测不力的行为也要追究行政责任,因为预防危机往往比应对危机更为关键(王燕,2013)[23]。① 康菲公司作为跨国大型企业,其内部监管存在问题,环境责任缺失。其石油生产和回注岩屑作业违反总体开发方案规定,因而引发此次海上溢油。值得一提的是,在溢油事故发生之后,其非但没有立刻停产查明事故原因,而是不管不顾继续开采,导致了事件影响的进一步扩大,也给后续处理带来了极大的难度,这都暴露出康菲公司内部存在很大的问题。② 中海油作为我国石油勘探开发的三大集团之一、蓬莱油田的主要投资者以及康菲公司在中国的合作伙伴,没有严格遵守《对外合作开采海洋石油资源条例》中的有关规定,对康菲公司这个合作伙伴没有尽到监督管理的义务。其次,海洋行政主管部门在履行《海洋石油勘探开发环境保护管理条例》的过程中没有及时发现此次溢油事故,而且事故发生后也没有做到信息公开、迅速处置,对于事故造成的渔业损失统计模糊,这也直接导致了沿海产业、周边渔民在发起事故索赔时缺乏依据。而环境保护部门没有发挥《海洋环境保护法》中所规定的统一监督和协调作用,只是在事故后期参与了国家海洋局发起的联合调查。在事故发生数月后,由国家海洋局主导的国土资源部、环境保护部、交通运输部、农业部、安监总局、国家能源局等部门组成的联合调查组调查的范围和深度还应深入,而且在此过程中,缺乏司法部、监察部、人民代表大会、国有资产管理等部门的监督,不能对责任方康菲公司和中海油进行有效监管和威慑以及问责和索赔。③ 此次溢油事故发生在我国渤海湾内,其周边省市包括山东省、河北省、天津市以及辽宁省,但是在事故发生后,以上省市的海洋与渔业部门没有积极介入,反而消极等待,使得责任公司有恃无恐。此外,我国溢油防污技术和监管手段有待加强,这在事故的处理过程中体现得尤为明显。

(3)社会力量参与不足:康菲溢油事件当中,我国政府在预警、响应处理以及最后恢复重建工作当中都忽视了对社会力量的利用。一旦这部分力量被充分调动起来,将会对灾害的应急处置产生非常大的积极作用,但是在蓬莱 19-3 油田溢油事故的处理中,我们并没有将社会力量完全调动起来,最终导致应对该项溢油事件成了政府部门的事情。造成这种现象的原因在于我国政府目前并没有与社会建立一个良好的对接机制,以至于在应对灾害过程中,社会力量并没有发挥出应有的作用(孙云飞,2014)[40]。从目前国内已有的经验来看,社会力量的参与在海上溢油应急管理中发挥了很好的作用,我国已有一些市场化的清污单位,比如中海石油环保服务有限公司(COES)、上海东安海上溢油应急中心,这些企业的产生大大增强了我国的清污力量,在海上溢油应急处理中为国家挽救了很大的损失,取得了很好的经济效益和社会效益。再从国外情况来看,英、美、日等发达国家都是实行政府、企业和社会组织合作的模式,国家从法律上明确规定三者的职责和义务,当溢油事件发生时就按照国家计划开展合作,这样就形成了有效的溢油应急系统。因此走出单纯依靠国家应急的模式转向寻求市场帮助,也许是完善海上溢油应急管理机制的明智之举(王燕,2013)[24]。

(4)公众监督没能充分发挥作用:海上溢油应急管理的正常进行离不开公众的监督,公众强大的舆论压力成为海上溢油应急管理中的重要一环。公众的监督会对海上溢油事故承担者形成压力,迫使他们尽快采取令公众满意的应急措施并对外公布处理结果。公众的监督还会保证海洋行政部门正确履行自己的职责,保证涉海部门正确使用手中的权力,处置溢油肇事者。但是由于海上溢油的发生地点离公众较远,发生的次数不多,所以很多人认为防止海上溢油与公众并无关系,所以公众监督的自觉性不高。其次,媒体监督受阻。媒体作为现代社会的重要一极,在社会中发挥着越来越重要的作用,但是出于种种原因,媒体无法得到第一手的资料,这就使得公民的知情权大打折扣。最后,信息公开机制的不完善阻碍了公民监督的进行(王燕,2013)[24]。

3.5.5.4 应急专业人才和设备缺乏

(1)技术设备落后:由于资金有限,我国海上溢油应急的能力不足,国家和地方建立的溢油应急反应中心规模较小,实力欠缺。从设备上看,我国缺乏专业的海区溢油应急设备和应急船舶,设备的科技含量低,现有设备仅仅能对抗海域内中小型的溢油事故,对一些严重的污染事故特别是重大的溢油污染事故无能为力。据统计,我国沿海船舶溢油污染事故的清污率只有７％,而国际上船舶溢油事故的清污率已达到７０％以上。由此可以看出我国在海上溢油应急管理的硬件投入上是严重不足的。溢油的回收率低,目前我国的溢油回收主要是靠企业来完成,政府只起到监督作用,但是企业究竟该将油污回收到何种程度,油污回收后又该如何处置等,这些都很难量化(王燕,2013)[25]。

（2）专业人才缺乏:从人员数量来看,我国尚不具备专业的应急队伍,缺乏具有专业水平的应急人员。由于激励机制不足,海洋部门很难吸引专业性人才,只能依靠后期培养。由于海上溢油监测是一项技术性很强的工作,需要长期的经验积累和专业知识。应急人员素质和业务水平参差不齐,应急人员对先进监测技术的掌握程度有限,在溢油应急管理中经验不足,缺乏应对大型海上溢油事故的处理能力,难以满足现代海上石油发展的需要(王燕,2013)[25]。

4

>>> 海上油田溢油事故宏观防控

　　2011年6月4日,渤海蓬莱19-3油田发生溢油事故,在举国强化"绿水青山就是金山银山"理念的今天,当引以为戒(岳来群 等,2018)[170]。应按照"事前防范、事中管控、事后处置"全程管理的要求,对防控溢油建立起科学、可靠、有效的应急防范体系。

4.1　油田统筹规划与科学开发

　　2017年10月,党的十九大提出了"坚决打好防范化解重大风险、精准扶贫、污染防治的攻坚战";2018年3月,国家机构改革,成立了自然资源部、生态环境部等;2018年4月25日、27日,习近平总书记视察宜昌、武汉时提出了"共抓大保护、不搞大开发"新理念。2018年5月18日、19日,习近平在全国生态环境保护大会上指出,加快构建生态文明体系,确保到2035年"美丽中国"的目标基本实现。党中央和国务院一系列重大决策,为生态环境保护、资源开发等指明了方向,即生态环境保护必将不断加强,陆上、海上资源开发必将遵循规划并有所制约。渤海属于我国内海,战略位置重要,油气等资源丰富,沿岸经济发达,用海强度大,生态环境等问题突出(岳来群 等,2018)[170]。

　　鉴于国内海洋石油分布的客观实际和保护生态环境的宗旨,我们必须从可持续发展、维护生态安全和领海权益的战略高度,进一步强化海洋石油勘探开发溢油事故宏观防控机制。坚持有计划开发、可持续发展的理念,将海洋石油勘探开发纳入国民经济和社会发展的总体规划，制定出各时期、各阶段、各油田以指导思想、开发目标、主要措施、方法步骤为重点内容的具体规则和实施方案，然后付诸实施、狠抓落实。同时，要解决好目前海洋石油开采平台建设存在的盲目扩建、结构性过剩以及某些海域的平台间管线位置处于暗箱状态，而施工船舶作业却日益频繁等易于引发溢油事故的问题。特别是在当前探索油气开采权可能放开的背景下，更要严格按统一规划办事，坚决杜绝任何单位、任何形式的无计划开采和过度开采(侯涛，2013)[160]。

近几年来，国际油价徘徊于每桶 60～80 美元，世界油气仍维持在供略大于求的弱平衡。除却极端背景下的战乱、自然灾害外，国际油价上窜至每桶 100 美元的可能性不大。在保护海洋生态环境理念日益强化的当今，渤海海上油气开发的环境成本及相关税收应有所提高。鉴于中国外汇持续攀高，"一带一路"倡议背景下的能源贸易量将持续扩大，我国可大量进口原油；在新能源和可再生能源的快速发展冲击下，世界范围内化石能源在能源结构中的比重将持续下降，预计我国原油在其能源消费结构中的比重亦将持续性降低。虽然中、美国情有别，但仍可参考、借鉴美长期"禁止近海油气开采"之法律规定；又鉴于"绿水青山就是金山银山"理念以及内海开发的生态环境成本、海洋经济永续发展愿景等基本制约要素，未来渤海海域尤其是某些油田的油气开发当有所节制(岳来群 等，2018)[176]。

我国的溢油污染应急能力建设规划应当与海洋石油开发规划同步进行，建立海洋石油开发与溢油危机管理的良性互动机制，协调涉海地区石油产业与其他产业的发展。

第一，深度整合各沿海省市区海上溢油污染应急能力建设规划。将近岸海域溢油污染防治整体规划与沿海省区防治规划统一考虑，形成围绕渤海、黄海、东海、南海的海上溢油污染防治协同体。

第二，梳理并规范主要涉海产业，尤其是海洋石油与天然气的发展与布局规划。重点对滨海或临港化工、海上石油钻井平台、海底输油管线、船舶石油运输等重点领域和环节实行实时和全过程环境监管。

第三，在规划编制过程中，应该注重海域溢油污染防治与周边国家和地区的相关规划协调，参与并引领跨海域国际、地区合作。我国周边沿海国家基本已加入 OPRC 1990 公约，加强国家间的合作也是当今溢油事故处置的趋势所在。对于存在领土争端的海域，积极进行特殊海域溢油防治的专题开发、制定保护规划，以积极的姿态和有效行动促进有关海域溢油的共同防治(李克辉，2015)[35]。

4.2 加强环境风险评估

《海洋环境保护法》第四十七条规定:"海洋工程建设项目必须符合全国海洋主体功能区划、海洋功能区划、海洋环境保护规划和国家有关环境保护标准。海洋工程建设项目单位应当对海洋环境进行科学调查,编制海洋环境影响报告书(表),并在项目开工前,报海洋主管部门审查批准。"根据《海洋环境保护法》的规定,海洋工程的环境影响报告书由国家海洋行政主管部门核准,报环境保护行政主管部门备案,接受环境保护行政主管部门监督。海洋行政主管部门在核准海洋环境影响报告书之前,必须征求海事、渔业行政主管部门和军队环境保护部门的意见。

《海洋工程环境影响评价技术导则》中"环境风险分析与评价"工作内容规定,"海洋工程建设项目的环境风险分析与评价,应按照 HJ/T 169、GB 18218 和其他有关技术标准的要求,判定建设项目环境风险的危险源和物质危险性,明确环境风险的评价等级、评价内容和源强,按照本标准的要求,开展环境风险的分析与评价。在环境风险分析评价的基础上,给出有针对性的海洋工程建设期和运营期风险防范对策措施。应根据海洋工程建设项目编制环境风险应急预案(主要内容包括工程及其相邻海域的环境、资源现状,污染事故的风险分析,应急设施的配备,污染事故的处理方案等)的要求,给出海洋工程应急预案制定和实施的具体目标、方法、措施和应急设施配置要求等。"

针对近年来海洋石油勘探开发溢油事故的发生原因,应加强海洋石油勘探开发项目溢油风险预测分析的评估和评审工作,从源头上防范化解可能酿成溢油污染的隐患,推动海上溢油问题由事后被动处置向事前主动防控的转变。建议凡拟建海洋石油勘探开发项目,报建单位必须在牵头抓好环境影响评估及可行性研究论证的同时,制定该项目溢油风险预测评估方案并组织开展评估工作。评估结束后,要对评估情况进行综合分析,提出评估结论意见,形成书面评估报告,连同该项目其他报批材料呈送审批机关。审批机关必须坚持对未经评估的项目不受理、不上会、不审批,并在批复审批项目时正确运用溢油风险评估结果。对经评估认为溢油风险特别重大的项目不予批准实施,对有重大溢油风险的项目责成评估主体化解隐患、重新评估认为可行后再审批实施,对有较大溢油风险、但可控的项目准予完善后实施,对溢油风险极小的项目准予实施。

对每个拟建海洋石油勘探开发工程项目,都要围绕其合法性、合理性、可行性、安全性、可控性等方面,深入查找风险源和风险点,认真进行溢油风险预测评估。合法性主要测评该项目是否符合相关政策及法律法规和规章的规定;合理性主要测评该项目是否已纳入海洋石油开发总体规划,开发的时机是否成熟;可行性主要测评该项目是否通过环境影响评价,开发方式是否科学、合理,所需资金是否充裕、到位,开发企业是否具备相应的资质、技术装备和人才资源储备;安全性主要测评该项目有哪些可能引发溢油事故的隐患,防范化解措施能否落实到位;可控性主要测评该项目对一旦出现的溢油险情能否及时、有效地控制等。

在对拟建项目评估出的溢油风险进行认真梳理和缜密分析的基础上,分类制定调控化解风险的具体方案,并付诸实施。对有条件解决的问题,要抓紧完善和落实;对一时难以解决的问题,要订立规划,列出时间表,务求尽快整改到位;对那些可能在项目实施中或实施后才会出现的问题,要组建强有力的领导班子和专门队伍,设立信息直报点和专报员,跟踪掌握动态,确保一旦出现溢油险情能快速妥善处置,力求把溢油污染造成的损失和影响降到最低限度(侯涛,2013)[161]。

4.3 严格管控监督、落实责任

目前,我国海洋石油勘探开发主要集中在渤海和东海的近海区域。伴随勘探开发重点向油气储量丰富的南海等深远海域转移,对开发方的设备、技术、资金、员工素质等要求将愈来愈高。因此,我们必须建立健全一套科学、严密、到位的准入制度,实行动态管理,适时依据新情况做出相应调整,并在实践中严格执行。对不符合准入条件的,不管是什么人、什么单位,一律不得放行,坚决把住海上溢油污染事故的第一道防线。一方面,按照"责、权、利"相统一的原则,进一步明确海洋石油勘探开发溢油监管主管部门、协作部门、相关地方政府的职能职责,赋予确保职能职责正确履行的必要权利,提供相应的工作条件,防止"相互推诿扯皮和谁都在管、谁都没管"现象的发生。另一方面,要把防控海上溢油事故的直接责任落实在勘探开发企业领导班子的头上,"一把手"是第一责任人,要负总责、亲自抓；分管领导是直接责任人，要具体抓、抓落实。尽快制定海上溢油防控工作考评细则和事故责任追究办法，无论涉及哪个单位、哪个人都必须严格执行、兑现奖惩，出了事故都要一查到底、严肃问责。推动形成"统一组织指挥、牵头部门和相关部门协作配合、勘探开发企业上下左右联动、广大群众积极参与监督"的防控海上溢油事故的新格局（侯涛，2013）[160]。

4.4 增强溢油灾害危机意识

政府部门要充分意识到溢油的危害，充分发挥宏观调控作用，制定海上溢油风险宣传资料和红头文件，下达至海上溢油灾害涉及的相关部门和企事业单位，在社会中加强溢油危机意识，使溢油风险防范和有效应急观念深入民心，并将风险意识深入日常的监督管理工作，对从事海洋石油资源开发单位进行溢油风险指标的监督和考核，对溢油风险异常指标进行监督、跟进，确保海洋资源的合理开发利用，使海洋生产工作安全、有序地进行。

从事海洋石油生产的企业单位在企业内要加强溢油风险宣传普及工作，通过生产环境溢油安全宣传、对员工进行溢油风险问卷调查、定期对企业员工进行溢油风险防范培训等工作提高企业溢油危机意识，将溢油灾害防范作为一项长远任务来抓，只有在企业管理层和生产操作层形成整体的溢油风险意识，才能使日常的管理和生产工作严格遵循制度章程，确保安全生产的顺利进行。

从事海洋石油开发基层工作的管理者和生产者，其工作状态和思想素质对溢油风险产生最直接的影响，通过企业有关溢油风险的宣传工作，可以使其提高溢油风险安全观念，在工作中以身作则，发挥主人翁精神，对每项具体操作严格控制，对异常指标及时察觉并进行合理调整，在安全开发海洋资源的过程中贡献自己的力量（姜少慧，2015）[157]。

海上应急管理的新理念要由过去的事后处置向事前预防、事中处置和善后管理的全过程管理转变，尤其要重视以预防为主。危机意识的强弱直接决定了海上溢油事故处理的能力和应急管理体系的效率，充足的应急准备工作能将溢油危机的发生可能性降到最低，也能将溢油造成的损失减小到最少，可以说预防工作是整个应急管理阶段最关键的一部分，预防工作没做好，将给后续的应急工作增加很大的难度。具体到海上溢油上来说，缺乏危机意识，溢油的预防工作准备不足，应急预案准备不充分，会造成海洋生态环境的破坏，给清污工作带来很大的困扰。因此，首先要树立危机意识，破除以前轻预防的思想，树立预防比应对更重要的观念。各级领导干部要提高海洋环境保护意识和综合决策能力，增强海洋保护的责任感和使命感，要认识到溢油事故对海洋环境造成的严重破坏，树立可持续的发展观。其次，要将危机意识落实在行动上，加大对预防工作的投入。对海上溢油应急管理人员进行技能培训，提高其海上溢油预警能力和指挥协调能力，科学编制海上溢油应急预案；加大对溢油监测设备的投入，更新监测设备。再次，强化企业的责任意识，加强对海上石油企业应急设备的监督，保证企业的应急预防工作准备到位。另外，还要面向公众加强舆论宣传，通过报纸、广播、电视、网络等媒体以及印发宣传册等方式，将海上石油的开采过程，溢油事故的发生原因、带来的巨大危害，溢油的清污方法等向公众进行介绍，也可以将国内外溢油应急事故处理的成功典范向公众介绍。让公众认识到海上环境保护是每一个人的责任，自觉监督海上石油作业，积极参与海上溢油的应急工作，为海上溢油应急工作的开展提供有力的支持。（王燕，2013）[35]

4.5 加强防治海上溢油污染的法制建设

加强防治海上溢油污染的法制建设是灾害防范工作中重要的环节。对海洋资源的开发利用是建立在严格遵循相关法律法规的基础之上的，建设防治海上溢油污染的法制工作主要从完善现有海洋环境保护法规、对海洋生态赔偿制度进行具体细化、健全海上溢油应急管理相关法规等方面开展工作，参照国际标准形成一套完整、细化、可操作性强的海上溢油处理法律法规。

在我国现有海洋环境保护法规的基础上，结合海洋生态环境涵盖的内容和溢油灾害的影响因素，对海洋保护方面的法规进行内容上的完善；面对海上溢油灾害对海洋生态造成的巨大危害，对肇事单位和个人进行经济和相关刑事上的处罚，加强生态赔偿制度细节的具体内容描述，将损害赔偿边界进行具体量化和等级划分，使灾害赔偿制度更加合理、规范；加强海上溢油应急管理的相关法制建设工作，将采取应急工作时各职能部门所承担的责任和具体工作进行详细明确,保障应急工作的有序进行,防止应急工作中出现责任的相互推诿和工作措施的复杂重叠。

4.6 加强应急预防体系建设

应急预防体系建设主要包括建立一套先进的预警机制、完善的应急预案、共享的溢油信息平台。

海上溢油灾害预警机制是通过先进的监测技术和监测系统对海洋环境监测而获取的异常数据,对突发事件可能带来的危害内容、程度和范围进行估计、确定灾情的等级,对社会和相关单位进行信息的发布和采取措施的确定。预警机制的构建过程要充分考虑预警人员的组成、预警范围的大小及预警技术的层次。构建海上溢油预警机制可以对初期监测发现的异常指标进行具体分析,根据溢油范围和程度对溢油灾害的后果和范围进行准确的判断和预测;并将监测到的溢油信息及时向相关企事业单位和国家相关部门进行汇报,以便引起政府和公众对溢油事件的关注和救援力量的加入。

灾害应急预案的制定工作是应急管理工作的一项重要内容,在制定过程中要充分考虑溢油灾害造成危害的范围和对象,由交通运输部、生态环境部、自然资源部等国家部门和海洋石油方面的专家、学者等人员组成编写小组,根据溢油灾害的特性及相关学术研究内容,对海上溢油风险进行等级的划分,对不同等级的风险,在分析评估的基础上制定相应的应急计划和具体实施方案。为了确保预案的合理性和有效性,在具体海洋石油企业中进行演练操作,根据实际指标对预案进行合理化修改,确保溢油应急工作的准确度。有了应急预案为保障,溢油事故发生后,相关应急部门可以在第一时间启动应急预案,高效集中应急资源和应急力量,按照预案步骤进行资源的合理配置和人员设备的调拨,在应急预案中,各部门的职责和任务都有详细的划分,可以避免应急过程中出现仓促、混乱的局面。

信息资源共享平台将海上溢油信息的监测数据进行整理,使所有有关溢油动向的信息数据实现共享。这可以使应急部门对整体操控信息,并根据信息对相关海洋区域下达应急任务和分配应急力量,可以避免信息传达不及时、隐瞒信息、误报的情况。(姜少慧,2015)[158]

5

>>> 海上溢油事故应急管理

海上溢油事故的特点是污染易扩散、持续时间长、影响面积大,如救援不及时或应对不专业,对海洋环境往往会造成长期不利的影响。海上溢油事故涉及的对象是整个海洋环境,波及范围是社会群体,管理主体是政府相关部门,需要全社会共同参与。各部分的协作和合作是海上溢油应急管理成功的关键所在,如何高效地把人员、信息、设备、资金、技术进行最佳配置成为公共管理者要解决的问题(姜瑶 等,2014)。

5.1 海上溢油应急反应体系发展情况

5.1.1 国际溢油应急反应体系建立背景

第二次世界大战期间,发生了许多船舶溢油事故,沿海国家没有任何准备,也没有任何措施抗御溢油造成的危害,使事故涉及的沿海国水域受到了严重的溢油污染,带来了巨大损失,由此,引起了沿海国家、国际社会和联合组织对海洋环境保护的普遍关注,并逐渐认识到处理海上大型溢油事故的关键是建立相关的国际规定。因而,限制船舶排放油污和处理海上溢油的国际公约陆续出台。

1954年,第一个防止海洋和沿海环境污染方面的国际公约——《1954年国际防止海上油污公约》通过,这也是世界范围内第一个涉及控制船舶排放油和油污水入海的规则。然而,该公约并没有对如何处理入海的溢油(包括人为排放的油、油污水和突发事故造成的大量溢油）做出相关规定。

1967年，利比里亚籍的"Torrey Canyon"号油轮在英吉利海峡的英格兰西南部海域触礁沉没，造成了约12万t溢油入海。尽管英国政府组织了20多艘大型船舶和若干小型船只对海面油污进行清除，但由于准备不足、措施不利，仍有约8万t原油沿英法海岸扩散，污染区域约200acre(1 acre＝4 046.856 m²)以上，使英法两国沿海的海洋生态遭到了严重的破坏，蒙受了巨大的经济损失。这起事故在国际上引起了很大震动，使一些国家认识到抗御大型溢油事故还受到两方面的制约：一是现有的抗御海面溢油技术明显不足，远远不能适应保护海洋环境的需要。二是没有完善的国家抗御溢油计划和国际间的溢油应急合作，控制和减轻大型溢油事故的污染危害是很困难的。

随着人们对海洋资源的开发与利用，海洋石油开发业和航运业迅猛发展，海上船舶溢油事故不断发生。自"Torrey Canyon"号油轮事故以来，世界上又发生了许多大型溢油事故，造成了大量溢油入海。从1965年到1997年，在全球范围内发生的万吨以上的船舶溢油事故达79起，溢油总量为414.6万t。

这些事故的发生促进了抗御溢油概念的更新和人们对抗御溢油技术的研究与开发，也促使一些国家建立溢油应急防备反应系统，制定国家溢油应急计划，讨论国际间合作，从而使抗御溢油的内涵逐步上升到防备和反应。美国和一些发达国家在20世纪70年代就开始制定国家溢油应急计划、尝试建立溢油应急防备系统，并对溢油应急技术进行研究和开发。一些跨国公司生产的溢油应急设备几经改进，更新换代，大大提高了溢油围控和溢油清除效能。一些国家在抗御溢油方面的工作为推进全球的溢油应急反应提供了经验和先进技术。然而，在20世纪80年代以前，还没有资料说明哪个国家将溢油应急问题纳入国家的法律范畴，也没有把国际间的应急合作纳入有关的国际公约。这从某一角度讲，又一定程度地限制了国家溢油应急防备反应系统的尽快完善和先进溢油应急技术在全球的推广。

1989年，美国EXXON石油公司的"Exxon Valdez"号油轮在美国阿拉斯加的威廉王子湾触礁搁浅，漏出原油3.6万t。由于当时气候恶劣，狂风骤起，所采取的应急措施未能奏效，致使1 609 km的海岸、7 770 km²海域被污染，威廉王子湾的海洋生态系统遭到了破坏，大量野生动物死亡，渔业资源受到危害，渔场被迫关闭，影响极大。美国海岸警备队对该起事故跟踪了三年，EXXON石油公司为该起事故污染支付的罚款、清污费、赔偿费和其他费用约80亿美元。在"Exxon Valdez"号油轮事故之后，美国又发生了几起重大溢油事故，在保护海洋环境的强大压力下，美国两院通过了《1990油污法》(OPA90)，并于1990年8月

11日由布什总统签署颁布。在制定OPA90的过程中,他们不仅认识到建立本国应急防备反应系统、制定溢油应急计划及相关反应程序的重要性,同时,也进一步认识到对抗御大型溢油事故的应急防备和反应进行国际间合作的必要性。OPA90生效之后,美国向国际海事组织(IMO)理事会建议,召开专门会议讨论他们提出的"国际油污防备反应合作公约"草案,并为此次会议提供一周的费用,这个建议得到了日本代表的支持,日本代表也自愿为会议提供一周的费用。1990年11月19日至30日,IMO在伦敦召开了"国际油污防备和反应国际合作"会议,会议认识到:① 始终存在着发生重大油污事故的风险和由此可能对环境产生的严重后果;② 由发生油污事故风险的国家建立抗御溢油的国家系统是有益的;③ 难以立即得到油污防备和反应资料的国家特别容易受到污染损害;④ 在油污防备和反应工作中各国在信息交换和援助方面进行合作的重要性。会议顺利通过了《1990年国际油污防备、反应和合作公约》(*International Convention on Oil Pollution Preparedness*, *Response and Cooperation*, 1990,简称OPRC1990)。会议还希望OPRC1990的规定尽快生效,以促进油污防备和反应的国际合作,并呼吁未参加本次会议的国家尽早签署公约,成为OPRC1990的缔约国。

　　OPRC1990不但要求各缔约国把建立国家溢油应急反应体系、制定溢油应急计划作为履行公约的责任和义务,而且要求把进行国际间的溢油应急合作作为各缔约国履行公约的责任和义务,这使那些还不完全具备溢油应急资源和应急技术的国家和地区可在溢油事故发生时向缔约国获得设备和技术的支持与援助。OPRC1990将人类抗御溢油对海洋环境的污染危害,由被动抵御转变为积极反应,从临时抗御扩展到事先防备,从局部抗御发展到了全球性的合作。这是OPRC1990对人类抗御溢油的历史性贡献。

　　OPRC1990已于1995年5月13日生效,至2002年底已有51个国家加入该公约。这些国家实施OPRC1990的经验将进一步推动更多的国家成为该公约的缔约国,建立溢油应急反应体系,制定国家溢油应急计划,使全球范围内的区域性应急合作更广泛。这对保护人类的共同资源宝库——海洋环境具有极其重要的意义。

5.1.2 关于OPRC1990公约

　　OPRC1990由国际油污防备和反应国际合作会议最后文件、公约文本和会议通过的10个决议组成,它不仅对缔约国各自或联合地对油污事故采取一切适当的防备和反应措施的相关问题做出了规定,还对每条规定的实施提出了具体要求。公约的主要内容为溢油防备、应急反应和国际合作。

5.1.2.1 油污防备的主要规定

制定油污应急计划：每一个当事国应要求悬挂其国旗的船舶在船上备有IMO经1978年议定书修订的《1973年国际防止船舶造成污染公约》（MARPOL73/78）第26条规定的《船上油污应急计划》，对所管辖的近岸装置、海港和油装卸设施都应要求其备有《油污应急计划》。这些计划均应与国家应急系统相协调，并应按国家主管当局规定的程序核准。

建立油污防备系统：各缔约国建立一个能够对油污事故做出迅速、有效的应急反应的油污防备系统，至少包括一个国家应急计划，负责管理油污的防备和反应行动、报告和协调应急支援、油污应急演习和培训。

建立油污抗御设备储存库：每一当事国均应在其力所能及的范围内，单独地或通过双边或多边合作，与石油业或航运业和其他实体合作，建立一个油污抗御设备储存库。

制定和实施油污防备和反应培训方案：责成IMO秘书长与有关政府和有关国际、区域性组织以及石油界和航运界合作，努力制定一个全面的油污防备和反应培训方案，并特别要对发展中国家提供必需的专门技术知识的培训。

5.1.2.2 应急反应的主要规定

油污报告程序：缔约国应保证其所属的船舶、近海装置、飞机、海港和油类装卸设施一旦发生油污事故，以规定格式向最近的沿海国家主管机关报告，并向国际海事组织通报。

收到油污报告后的行动：当事国主管机关收到报告时，尽快对油污事故的性质、范围和可能后果做出评估，以便准备相应的措施和及时通知其利益受到或可能受到影响的国家。对于严重的溢油事故，联系地区组织做出安排并采取措施，并将其情况通知国际海事组织。

5.1.2.3 国际合作的主要规定

油污应急反应的国际合作：各缔约国应在收到当事国提出需要国际合作和支持以处理油污事故的请求时，尽力提供设备资源和技术援助。

双边或多边协定：各缔约国要努力缔结油污防备的双边或多边协定，以促使溢油事故发生时相互协作与支持。

油污应急技术的研究和开发：各缔约国可直接或通过国际海事组织举行溢油应急技术和设施方面的专题讨论会，交流研究成果和发展计划，包括油污的监督、控制回收和消除等，以促进先进溢油应急技术在全球的推广。

技术合作：各缔约国有义务向请求支持的当事国提供溢油应急技术培训和

设备,与请求支持的当事国进行技术合作。

IMO 为了有效实施 OPRC1990,又以 10 个决议的形式对公约一些条款的实施做出了具体规定。OPRC 工作组编写了《近海装置、海港和油类装卸站油污应急计划指南》,促进了缔约国制定国家、区域、港口以及船舶、近海设施和装卸站的溢油应急计划;OPRC 工作组还编写了《溢油应急培训示范教程》,使若干溢油应急工作管理人员和指挥人员得到了相应的培训,并为各缔约国自行组织培训提供了样板。

OPRC1990 承诺在世界范围内进行溢油事故应急反应,各缔约国要向请求援助方提供设备和技术支援,此项要求是履行该公约的责任,使溢油防备反应在全球范围内的合作成为现实,这也是 OPRC1990 在抗御溢油方面的一个新发展。

世界上已有许多国家建立了国家溢油应急计划,并有部分相邻国家建立了双边协议,已有13个多边协议已生效实施或即将实施。

OPRC1990 通过后,有关国际公约也做了适当修正,以保持与该公约的一致性。1991 年,MARPOL73/78 公约的附则 I 修正案增加了第 26 条,要求 150 t 及以上的油轮和 400 t 及以上的非油轮应于 1995 年 4 月 4 日前备有经主管机关批准的《船上油污应急计划》,这与 OPRC1990 第三条《油污应急计划》是一致的,这也是 MARPOL73/78 公约在 OPRC1990 生效前,率先实施与 OPRC1990 第三条规定相一致的有关条款的具体体现。

《1992 年国际油污损害民事责任公约》和《1992 年设立国际油污损害赔偿基金公约》等有关海洋环境保护公约,都对溢油应急反应产生的费用索赔与赔偿等做出了比较明确的规定。《联合国海洋法》为防止、减少和控制海洋环境污染,向各缔约国提出了执行国际规则及制定国内法律、规章的标准和要求。这都为 OPRC1990 的实施提供了有力支持。

5.1.3 国内海上溢油应急履行国际公约的情况

为了对突发溢油事故做出迅速、有效的应急反应,将溢油污染损害降到最低程度,保护海洋环境,我国一方面积极加入 OPRC1990 和相关的国际公约,加大对溢油应急设施设备的投入,提高履约能力;另一方面加快完善相应的法律法规,建立国家溢油应急反应体系,制定污染应急计划,提高溢油应急反应能力。

我国于 1998 年 3 月 31 日加入 OPRC1990,并于当年 6 月 30 日对我国生效。2016 年 11 月 7 日生效的新修订的《海洋环境保护法》,明确规定了"国家根据防止海洋环境污染的需要,制定国家重大海上污染事故应急计划;沿海可能发生重大海洋环境污染事故的单位,应当依照国家的规定,制定污染事故应急计划;沿海县级以上地方人民政府及其有关部门在发生重大海上污染事故时,必须按照应急计划解除或者减轻危害;装卸油类的港口、码头、装卸站和船舶必须编制溢油污染应急计划,并配备相应的溢油污染应急设备和器材"等内容,这对溢油应急体系的建立和应急计划的实施提出了明确要求,加快了履约步伐。

《海洋环境保护法》还规定"国家海事行政主管部门负责制定全国船舶重大海上溢油污染事故应急计划",这使海事主管部门加大溢油应急工作力度、加强对溢油应急反应的组织管理有了法律依据。交通运输部、中华人民共和国海事局在海上船舶溢油应急反应方面开展工作,并取得了很大成效,在海洋环境保护中发挥了重要作用。

1986 年,交通部在北京组织了第一期国际油污应急培训班,请 IMO 专家来讲课;之后,为培养专业人员多次组团到北美、欧洲、日本、新加坡等考察培训。海事局于 1995 年要求船舶配备《船上油污应急计划》,实施 MARPOL73/78 公约的规定,并监督使其处于有效状态。交通部还利用世界银行环保基金试行期(1992—1994 年度)的赠款和贷款,在大连、天津、上海、宁波、厦门和广州六个港口开展研究、编制"六港溢油应急计划",并配备了一批清污设备,成果于 1995 年通过验收评审。交通部于 1996 年立项投资 5 800 多万元,在烟台建设北方海区海上船舶溢油防治示范工程,这也是实施 OPRC1990 第四条规定的具体体现。该工程已于 2001 年年底通过验收,这对成山头水道、老铁山水道和长山水道等水域的船舶溢油事故做出应急反应,并为实施区域性溢油应急计划提供溢油应急监测、卫星图像处理、溢油应急信息处理、溢油清除设备和应急培训等设施。2001 年,又投资 1 000 多万元,在秦皇岛建立特殊区域溢油应急中心,解决特殊水域的溢油应急资源储备和应急信息支持,将制定该特殊水域溢油应急计划。海事局在实施《船舶油污应急计划》和编制《北方海区溢油应急计划》的基础上,于 2000 年 2 月又完成了《中国海上船舶溢油应急计划》和各海区船舶溢油应急计划的编制工作,并由交通部和国家环保总局联合发布,于 2000 年 4 月 1 日与新《海洋环境保护法》实施之日同时生效实施。深圳、上海制定了《港口污染应急计划》,并得到了当地政府的大力支持,对在全国实施溢油应急计划起到促进作用。海事局于 2000 年 6 月 5 日在珠江口举行了粤、港、澳救助与溢油应急反应大演习,获得了圆满成功,为今后的溢油应急反应提供了经验。

目前,我国已建立了较为完善的海上船舶溢油应急体系,它包括了中国海上船舶溢油应急计划、海区溢油应急计划和港口污染应急计划、船上污染应急计划、油码头和设施的污染应急计划。海上船舶溢油应急体系的建立和污染应急计划的实施,大大提高了对海上船舶溢油事故的应急反应能力,减轻了船舶突发性污染事故对海洋环境的污染损害。

2000 年 11 月 14 日凌晨,中国籍船舶"德航 298"油轮在广东虎门大桥附近与挪威籍"宝塞斯"碰撞沉没,"德航 298"所载约 200 t 重柴油部分溢出造成污染。当时广东海事局立即启动南海海区溢油应急计划,深圳和广州海事局组织调动有关清污力量和设备器材,在现场布设四道围油栏,出动救助和清污船只 38 艘,使溢油在当天下午就得到了控制,回收污油约 40 t,清理沾油垃圾约 30 t,并采取有力措施阻止沉船继续溢油。11 月 20 日该船被打捞出水,所溢污油得到有效清除。海区船舶溢油应急计划在该起船舶溢油事故中的实施是有效的、成功的。

我国在强化国内溢油应急立法、完善溢油应急体系的同时,还加强了西北太平洋地区的国际间溢油应急合作,与日本、俄罗斯、韩国联合制定了《西北太平洋地区环境保护行动计划》。为了加强对黄海水域环境保护,我国加大了与邻国的合作力度,中韩两国的双边协议也在讨论之中,这将对保护黄海水域生态环境发挥积极作用。

已颁布生效的《中国海上船舶溢油应急计划》对溢油应急作业人员、指挥人员的培训内容、培训要求和培训目标做出了明确要求,这对提高溢油应急指挥人员和作业人员的应急反应能力、决策能力、作业能力必将起到很大的作用(中海石油环保服务有限公司,2010)。

5.2 溢油事故应急管理机制研究

发达国家较早进行了海洋石油资源开发,在海上溢油应急管理的实践中积累了丰富的经验,在应急组织结构、应急管理模式、应急保障等方面都有很多值得借鉴的地方。

5.2.1 国外溢油应急管理经验

应急管理概念的提出者主要有希斯(Heath)、霍特默(Hoetmer)、美国联邦应急事务管理署(FEMA)。希斯认为:"应急管理通过危害分析得知危机的来源、范围和影响。提高应急管理能力,从而有效地减少危机造成的损失。"希斯在《应急管理》中构建了危机管理范围示意图,提出管理框架结构,并提出危机管理的实践经验应当与管理理论相结合。霍特默认为应急管理是一门学科,是运用知识对一个突发公共事件影响生活的正常秩序进行管理。FEMA 认为应急管理是一个动态的过程,包括应急准备、减灾、应对和恢复。

　　溢油应急体系建立的目的就是尽可能迅速地消除或降低溢油事故带来的污染。这种体系的建立必须依靠政府的统一和唯一领导,遵循必要的规范和秩序。应急体系包括组织机构、决策过程、预警机制、信息处理、处置程序、后勤保障、人员支持以及灾后恢复等子系统。发达国家在 20 世纪七八十年代逐渐建立了较为完善的溢油应急管理体系,具有代表性的国家有美国、加拿大等。

5.2.1.1 美国溢油应急管理体系

　　(1) 美国溢油应急体系:《1990 油污法》的颁布实施将海上溢油应急管理上升到法律层面,使海上溢油应急管理的每一个行动都有法可依,行政命令具有法律效力,使各部门按照法律规定正确履行自己的职责,做到政令畅通、步调一致。为了保证顺利完成溢油应急的任务,法律还规定给各重要海区都配备了应急反应队伍,补充先进的应急设备,定期对各海区应急反应队伍进行资质审查,这样就从制度上和物质上共同满足溢油应急的需要(王燕,2013)[27]。美国的污染应急体系于 20 世纪 70 年代开始初建成形,随着应对灾难和紧急事件的有关法律法规的相继颁布实施,污染应急体系与美国其他的灾难和紧急事件应急体系一样,具有统一的、规范的框架模式。美国建立了联邦、州、地方三级溢油应急指挥系统,使全国形成了一个海上溢油应急管理网络,其中每个指挥系统分别设立一个指挥中心,全国的指挥中心划归到国家溢油应急反应指挥中心下。该中心为美国海上溢油应急管理的核心机构,分别由联邦环保总署、商务部、司法部、行政总署等 16 个部门组成,主要负责制定全国海上溢油防治工作的规划、指挥协调各州政府、地方溢油应急反应行动。各州政府主要负责行政区域内溢油防治工作规划和协调有关部门的应急配合和支援工作。地区应急反应组主要承担具体的溢油应急行动的指挥、清污等工作。指挥中心实行首长负责制,在紧急状态下直接对总统负责,指挥中心负责制定海上溢油事件应急管理的计划方案,协调分配各部门在溢油应急中的职责,使各部门协调一致、统一行动(王燕,2013)[28]。

　　由各州和地方政府对自然灾害等紧急事件做出最初反应,如果紧急事件超出地方政府的处理范围,在地方申请下,由总统正式宣布该地属于受灾地区或出现紧急状态,紧接着实施"联邦应急方案"。这一应急模式使美国建立了既具有本国特点的、又符合国际公约要求的国家溢油应急反应系统,对海上突发污染事故能够迅速、有效地做出反应,控制或减少污染损害。

在美国,应急反应既要根据溢油级别,又要根据反应责任来确定。溢油事故发生后,首先由发生溢油的公司及它的保险公司对溢油事件负责,责任公司相关人员会马上按照法律规定启动溢油应急预案,并按照计划向相关部门汇报。汇报的相关内容有溢油时间、位置、责任船只的相关资料、溢油情况、相关海况、进行自救情况和进一步的行动等。

对于较大的污染事故,相关组织会按污染的程度及时地上报联邦政府的国家溢油应急反应中心(该中心由美国海岸警卫队成员组成),一旦收到此报告,国家溢油应急反应中心将根据泄漏发生的情况,立刻通告事先指定的美国环保署或美国海岸警备队现场协调员参与溢油应急,并按照国家反应体系的规定程序重新建立反应组织。现场协调员根据当地反应和监控情况来确定是否需要联邦政府的参与。美国海岸警卫队国家突击队由三支布局战略要点的国家突击力量和一个协调中心组成,其主要任务是应对溢油和化学品泄漏。协调中心拥有国家溢油应急设备清单,为国家反应体系应急演练和培训计划的制定与实施提供协助。国家反应突击力量在发生重大海洋环境污染事件时及时参与应急反应行动。其他协助力量包括国家污染基金中心和辖区反应组等。在应急反应中,辖区反应组的作用更为突出。美国海岸警卫队在每一个管辖区设立一个辖区反应组,维修和保养本辖区内美国海岸警卫队的所有设备、对地方应急计划的制定提供技术协助以及配合现场协调员的工作。

美国在溢油防备和反应方面,不仅制定了较为完善的法律法规、建立了国家反应体系,还建立科学的溢油预防、控制和应对系统,信息库系统,溢油鉴别系统以及污染损害赔偿体系。在溢油应急处理工作中,美国还实施油污基金制度。联邦政府建立 10 亿美元的油污基金,各州政府也通过立法建立了一亿美元的油污基金。此外,对肇事者实行溢油污染责任追究。油污基金的建立可以迅速将溢油的污染损害控制在一定的范围,采取措施进行清除,随后,对污染损害程度进行评估,追究肇事者的赔偿责任。

美国还建立溢油清除协会会员制度,保证溢油清洁公司机构正常运转和快速的反应。美国是一个比较注重自由竞争和市场化经营的国家,在溢油反应清除和防污管理工作中,由国家主管机关制定一个入市的准则,面向所有社会群体开放。

(2)墨西哥湾深海地平线石油泄漏事件应急案例:2010 年 4 月 20 日,位于美国墨西哥湾由英国石油公司租赁的"深水地平线"号钻井平台发生爆炸并引发大火,大约 36 小时后沉入墨西哥湾。该平台沉没后约两天,4 月 24 日受损油井开始漏油。7 月 15 日,"盖帽截油"法初步奏效;9 月 4 日,通过新安装的防喷阀和水泥封堵漏油油井,宣布漏油油井不再对墨西哥湾构成威胁。此次事故造成 11 人死亡,17 人受伤,490 万桶原油泄漏,225 万 km² 的水域受到影响,作为美国历史上最大的溢油事故,对墨西哥湾的生态环境造成严重的损害。美国海上溢油应急反应体系和机制受到国际社会的广泛关注。墨西哥湾"深水地平线"号钻井平台爆炸溢油后,美国政府在《1990 油污法》和 1994 年编制的《国家应急计划》的指导下,启动了国家、区域和地方的各级应急响应体系。爆炸当天(2010年 4 月 20 日),成立了以海岸警卫队为核心的地方应急指挥中心,负责指挥现场救援,协调沿岸各州及地方政府控制和解决污染事件;4 月 21 日,区域应急响应体系启动,成立了由 6 个机构集结合作的区域应急响应工作组,该应急小组负责"协调海岸警卫队、美国国土安全部、商务部和内政部等部门,提供技术建议并从下属部门和预设储备站调集物资展开全面防治和搜救行动"。4 月 22 日,平台开始沉没。国家溢油应急反应指挥中心在墨西哥溢油事件中发挥了枢纽作用,负责制订控制溢油的计划和协调系统地方之间、区域之间的统一行动,使应急反应小组从下到上有顺序地发挥作用,让各地方的分散力量集中起来,在各自的海域内进行管理,使应急工作在第一时间迅速、有效地展开,例如,美国国家海洋和大气管理局根据天气变化提供溢油漂移轨迹预测,使清理油污的人员能够据此调整溢油防治方法和轨迹;美国国家环境保护局的专家根据海洋环境监测情况指导现场清油;美国司法部立即开展对英国石油公司的司法究责行动;各种环保组织自行组织志愿者加入海岸带清油和拯救海洋野生动植物和鸟类的行动中,在各级应急反应系统的支持下,各部门之间通力合作,取得了溢油事故处理的良好效果;4 月 24 日,考虑到此次溢油事故的规模较大,建立了统一指挥中心和联合信息中心,以集合并协调所有响应机构,同时向公众以及指挥中心提供可靠、实时的溢油响应相关信息。在上述应急机制和响应体系的指导下,各职能机构和部门根据各自的职责,有效地开展了针对此次事故的堵漏清污、监视监测、溢油轨迹漂移预测、自然资源损害评估等工作。2010 年 4 月 29 日,美国国土安全局认定此次石油泄漏事件是全国性灾难事件,启用国家石油和危险污染物控制预案。美国海岸警卫队海军上将被任命为最高指挥官,各级政府、企业和其他社会力量等均按照国家事故管理系统/指挥系统的指导配合行事。5 月 22 日,奥巴马总统宣布成立英国石油公司原油泄漏事故和海上钻井国家委员会,就事故的原因、政府的应急反应、海上钻井安全生产等展开调查和全面的评价。9 月 19日,发生平台爆炸的第 152 天,最高指挥官宣布马多康 252 号油井被成功封住。

墨西哥湾溢油事故发生后 10 天左右,美国政府迅速确认事故责任方,并责令英国石油公司支付油污损害赔偿。2010 年 6 月 16 日，在美国政府的逼迫下英国石油公司同意建立 200 亿美元的油污损害赔偿基金，这笔赔偿基金的方案在事故发生后两个月就已经到位。美国政府表示后期将这笔基金用于支付溢油清理费用、补偿个人损失、修复海洋生态环境，并根据基金的使用情况及后期损害评估结果继续对英国石油公司进行追偿。另外，在后续赔偿方面，为了研究此次石油泄漏对墨西哥湾周边生态环境的影响，当时英国石油公司决定建立名为海湾沿岸研究所的研究机构，在未来 10 年内投入 5 亿美元，请相关专家来进行研究（陈虹 等，2011）。

美国联邦各级政府和社会人员在第一时间组织开展救援活动，保障生还的 126 名平台操作人员的安全，有条理地执行国家应急计划，其反应的敏捷、其预案的实用、其信息的公开都值得我们认真学习和借鉴。① 法律体系完备：完备的溢油应急法律体系成为美国海上溢油应急管理的强有力后盾，可以说《1990 油污法》的颁布更是为美国应对海上溢油事故奠定了根本性的基础。② 首长负责制的中枢指挥系统：在紧急状态下直接对总统负责，指挥中心负责制定海上溢油事件应急管理的计划方案，协调分配各部门在溢油应急中的职责。③ 明确的分工：美国国家海上溢油应急反应系统由 16 个政府部门组成，这些部门分工明确，各司其职，为海上溢油事故的应对提供技术支持和政策帮助，在应对海上溢油事故中发挥不可替代的作用。④ 海上救援机构与事故责任方通力协作，互帮互助。事故责任方全力提供信息帮助政府开展救援活动，减小溢油的污染范围。⑤ 对于救援信息的进展要及时公开，一是为了更好地保障公众利益，杜绝谣言；二是鼓励社会力量参与，比如污油的回收工作、清除工作。当然，此次应急过程中也有需要改进的地方我国应在其中吸取教训：① 在现有的应急预案中，准备的专业设备和技术人员不足，预案中考虑的溢油事故都是小规模、小范围的事故，而墨西哥湾石油泄漏属于全国性灾难事件。贮备的油污清理设备老旧，不适应处理大规模、大范围的石油泄漏。因此，我国各搜救中心在制定各级各地域的应急预案时，要充分考虑到当地的海上作业或运输情况，要做好对最坏情况的准备。对于应急物资的贮备和专业人员的培训要及时更新，有意识地做好物资和人才的最优调度。② 事故发生时，政府官员以及事故责任方英国石油公司对"深海地平线"号钻井平台的开采能力和油井泄漏原油的速度不清楚，导致救援活动非常被动。持续溢油一个月后，估量小组才能粗略估计每日的原油泄漏吨数，耽误了救援进度和物资调度。我国在应急救援中要及时掌握发生事故的船舶或者平台的情况，对于溢油的数量和范围做好实时监测，保障信息的及时更新和部门之间数据的共享。③ 警卫队和当地政府各部门之间的沟通和配合也不顺畅。原油泄漏区当地政府根据《斯塔福德灾难与紧急援助法》,认为联邦中央政府需提供资金和协助本地政府应对重大灾害,但是根据国家应急预案,联邦现场指挥官有权利指挥各种救援行动。行政管辖权的摩擦导致在应急指挥中当地政府人员的不适应。我国应加强海上搜救演习,加入各部门、各级搜救中心、各专家组成员与社会力量的团队配合训练,使其充分发挥各自的优势。对每一次的团队训练进行总结,不断提高团结协作能力。④ 处理油污使用的降解剂和就地燃烧的方法确实缓解了油污面的扩散,但是也对环境造成不可扭转的伤害。在获得联邦现场指挥的允许后,英国石油公司使用了大量降解剂来清理油污。我国应重视新技术的开发,与高校或者研究所合作,使用更加环保的方法处理油污。

5.2.1.2 加拿大溢油应急管理体系

加拿大三面环海,东南部又有五大湖相伴,是一个水资源丰富的国家,航运业在加拿大占据重要位置。1970 年发生的两次严重的溢油事故给加拿大的海洋环境带来恶劣影响,于是在 1971 年实施的加拿大新《航运法》中规定了国内船舶油污损害赔偿机制的条款,这一法案的通过使加拿大成为世界上第一个通过建立船舶溢油赔偿机制的国家。加拿大已经形成了一套成熟的溢油应急管理体系(王燕,2013)[30-32]。

(1)油污损害赔偿制度:加拿大实际上有国际和国内两套油污损害赔偿机制同时运行。在国际上,加拿大很早就加入了 1969 年责任公约和 1971 年基金公约。国内两次大的溢油事故的发生促使加拿大在 1971 年通过颁布了《航运法》修正案,建立了海上污染赔偿基金制度,"所有通过海运进口到加拿大的石油以及在加拿大国内水域进行石油运输的货主,均需按每吨 15 加分交纳摊款",这样加拿大就在国内通过立法建立了油污损害赔偿制度。在国际两大公约生效以后,为了使国内法律与国际公约赔偿机制保持一致,加拿大在 1987 年建立新的船舶油污赔偿基金制度(the Ship-source Oil Pollution Fund,SOPF),新的油污赔偿基金既弥补了国际油污基金的不足,又考虑国内公约与国际公约的一致性,建立起了国际和国内双层基金赔偿机制。在溢油事件发生时,先由 SOPF 垫付清污费和赔偿金,保证溢油事故处理的及时性,再由 SOPF 向事故责任人和国际公约寻求赔偿。同时 SOPF 在国际基金的赔偿限额基础上提供 1 亿加元的补充赔偿,这样就为海上溢油应急工作提供了充足的资金保障。这样国际、国内两套油污赔偿机制同时运行,两者相互补充,国内基金为海上溢油应急反应工作在第一时间提供资金,国际基金提供事后的保障,共同为加拿大海上溢油应急管理提供有力支撑。

（2）政企联合机制：加拿大溢油应急管理的一个重要特点就是实行政企联合、分工协作，共同应对海上溢油事故。政府负责制定政策法规、计划和企业应达到的技术标准，负责对海上船舶进行执法监督，对油污情况实行实时监测，给予事故责任方相应处罚，同时负责对企业应急反应队伍进行监督、指导，配合企业的清污工作，对全程工作进行掌控。最重要的是，加拿大政府依据《航运法》建立的油污赔偿基金为企业应急反应队伍提供基金，这就为企业应急活动的开展提供强有力的支持。加拿大的企业溢油应急反应队伍是经过加拿大交通运输部审查认证的，加拿大对这些企业有着严格的资格审查标准，目前共有四家符合资质的企业。这四家企业必须达到国家要求的溢油应急反应标准，并定期向国家提交溢油应急反应计划，将应急反应计划的具体内容（包括应急物资清单、油污处理进度和效果、对污染区的保护措施、应急专业人员的培训等）定期向政府汇报，如不符合政府规定的标准将立即被政府取缔。政府定期更新应急反应企业的证书。加拿大政府的这种政企合作模式收到了良好的效果，海上溢油应急工作开展的更专业、更高效，不但节省了政府的开支，更重要的是有效地应对海上溢油事故，将其影响降到最低。

（3）先进的设备技术：以海岸警卫队为首的政府部门特别重视科研工作，主持开发了多项清污科研项目，这些科研项目在油污清理中发挥了重要作用。在配备溢油应急设备时，加拿大政府特别注重设备的实用性，由于加拿大的海岸线较长且湖泊分布广泛，应急设备的设计充分考虑了地域因素，保证每个海区的设备能够正常使用。另外，1991年加拿大建立了国家空中监测计划，主要用于监测加拿大水域、监督溢油应急工作以及参与国际合作等，该监测计划横跨加拿大六个地理区域。每一架侦查飞机上都装有监测系统，监测范围广泛，并"将自动识别系统、GPS报告系统、单边雷达和高清数码相机结合起来，将拍到的照片实时发送到海岸工作基地"，飞机监测还与卫星跟踪等项目结合，可以准确、及时地获得溢油信息。

（4）广泛的国际合作：加拿大还与周边国家开展了广泛的国际合作，共同建立海上溢油应急反应机制，经常与周边国家开展联合演习来评估溢油应急反应能力，以便在海上溢油事件发生时能够联合其他国家共同应急。加拿大与美国早在1986年就有合作，加拿大和美国政府签署《国内综合应急与管理的合作公约》及《1986年加拿大—美国联合航运污染应急计划》，以便两国在溢油应急计划方面相互援助。两国平均每两年就要在大西洋上举行一次海上溢油事件应急管理的联合演习，以提高两国的协作应变能力。加拿大还与欧洲国家开展合作。通过国际合作，加拿大不但学习了别国在溢油应急方面的先进经验，而且当周边海域发生溢油事故时,加拿大能够得到周边国家的及时支援,保证在最短的时间内做好溢油应急工作。

5.2.1.3 挪威溢油应急管理体系

(1)挪威海洋清污协会(NOFO)溢油应急职责:挪威是发达的工业化国家,石油工业是其国民经济的重要支柱,挪威也是西欧最大的产油国和世界第三大石油出口国。挪威的海岸线达 2 万 km,是波罗的海和北海的重要航道,其海上溢油事故风险是巨大的。NOFO 是一个非营利的溢油应急协会,主要职责是减少溢油对环境的污染。它成立 1978 年,由 30 家石油公司或运油船东所组成,包括世界著名的英国石油公司(BP)、意大利埃尼集团(ENI)及壳牌等大型石油公司。依据溢油污染源的不同,挪威具有两套不同溢油应急计划体制:其一,来源于船舶的溢油一般由挪威海岸管理部门(NCA)负责制订应急计划,并进行溢油围控和回收,NCA 可征用挪威所有的应急资源和装备用于溢油应急与处置,其中必然也包括 NOFO 的应急资源,溢油处理完毕后,NCA 则会对所征用的资源进行必要的补偿。其二,来源于海上的溢油(如石油钻井平台)一般由石油公司自己负责制定应急计划,在 NOFO 的许可之下,石油公司均可征用 NOFO 和 NCA 的溢油应急资源。石油公司或运油船东对其所造成的溢油事故负有溢油应急与处置的责任,而 NOFO 则对所有的溢油应急资源供给和操作负责,两者共同完成溢油的应急与处置。对于外海的石油钻井平台原油泄漏,挪威具有 5 级溢油处置阶段:第 1 级是利用石油平台内部装备将溢油尽可能控制在平台内部,第 2 级是利用溢油应急与处置装备将溢油控制在平台附近海域,第 3 级同样是利用溢油应急与处置装备将溢油控制在远离平台而靠近岸线的海域内,第 4 级是利用溢油应急与处置装备进行沿海溢油的清除,第 5 级是利用溢油处置装备进行岸线和岸滩溢油的清除。

(2)NOFO 溢油应急与处置资源和合作伙伴:NOFO 协会的溢油应急与处置资源主要包括 25 个 NOFO 全职员工、50 个协会成员公司的正式员工、25 艘溢油回收船、25 艘牵引船、20 套远海机械式溢油回收系统、具有 80 个操作员的 5 个溢油应急设备库、400 m³ 溢油分散剂、远程遥感设备、用于挪威大陆架监视监测的无人机和卫星、30 艘捕鱼船、25 套沿海溢油回收系统、40 个岸线溢油应急力量、60 个岸线溢油处置团队。NOFO 具有较多的政府、科研院所和私人合作伙伴,如挪威海岸警卫队、22 个国际污染应急组织、挪威自然科学研究院(NINA)、挪威气象学院、挪威水运研究所、挪威消防训练中心(NBSK)、挪威科技工业研究所(SINTEF)溢油实验室、世界野生生物基金(WWF)溢油应急与处置装备制造厂商、挪威蒙斯塔德(Mongstad)精炼厂等。根据挪威 NCA 和

NOFO溢油应急职责可知,在挪威水上应急体系建设方面具有充分的法律依据,应急机制、制定应急计划及实施等相关规定明确了政府、协会、企业在水上溢油应急中所承担的责任,明确了各级机构之间的关系、衔接程序和具体任务,为应急反应的快速化和有效性提供了根本保障(邹云飞 等,2013)。挪威溢油事故处置不仅依靠政府公共组织的投入,还注重发动个人、非政府组织。挪威海岸警卫队既负责具体实施应急计划的批准,又负责政府和私人机构之间的协调与沟通。

总而言之,许多国家在海上溢油应急体系的建设上做出了不同程度的努力和探索,这其中侧重点各有区别,立法实践也不一样,但相同之处是海上溢油应急体系的建设肯定是由政府来主导的,公共和私人组织以及个人参与,区域及周边合作也是其趋势之一。

(5.2.2) 中国海上溢油应急管理体系

中国海上溢油应急管理体系包括应急组织机构、决策过程、预警机制、信息处理、处置程序、技术保障、人员支持以及灾后恢复等主要环节,整个体系经历了建立和完善的阶段。应急管理和指挥机构建设初步形成统一领导、分类管理、分级负责、条块结合、属地为主的应急管理体制。按照《全国海洋石油勘探开发重大海上溢油应急计划》,成立全国溢油应急指挥中心,组建了由多个部门、军队及石油公司参与的溢油应急协调机构。各海区也成立了海区溢油应急指挥中心。

5.2.2.1 应急管理体系建立阶段

(1)应急管理体系基本形成:2004年,根据国务院的总体部署,国家海洋局组织制定并颁布实施了《全国海洋石油勘探开发重大海上溢油应急计划》。为防范溢油事故发生,各个海区制定区域溢油应急计划,争取区域溢油应急资源实现共享。2005年,党中央、国务院做出了加强应急管理工作的重大决定,为此,国家海洋局根据《国家突发公共事件总体应急预案》的要求,制定了海洋石油勘探开发专项预案。2007年,国家海洋局推出了行业标准《海上溢油生态损害评估技术导则》(HY/T091-2007)。为了确保及时、有效地开展应急响应工作,2006年8月30日印发了《海洋石油勘探开发溢油应急响应执行程序》。2008年国家海洋局发布了《海洋石油勘探开发溢油应急预案》。《海洋石油勘探开发溢油应急预案》明确了应急组织指挥体系及职责、应急响应程序等;《海洋石油勘探开发溢油应急响应执行程序》明确了应急响应级别划分、应急响应原则等内容。海洋石油勘探开发溢油应急响应分三个级别:① 海上溢油源已确定为海上油田,溢油量小于10 t或溢油面积不大于100 km²,溢油尚未得到完全控制的作为三级应急响应的标准。② 海上溢油源已确定为海上油田,溢油量 10～100 t 或溢油面积 100～200 km² 或溢油点离敏感区 15 km 以内,溢油尚未得到完全控制的作为二级应急响应的标准。③ 海上溢油源已确定为海上油田,溢油量在 100 t 以上或溢油面积大于 200 km²,溢油尚未得到完全控制的作为一级应急响应的标准。启动《全国海洋石油勘探开发重大海上溢油应急计划》。溢油等级和溢油分级响应安排等级是两个不同的概念。国际上在溢油等级的定义上没有一个统一的尺度,全靠各国各地区自己掌握。而国际上在溢油分级响应安排的定义上则有完整、清晰的描述,根据溢油应急计划和适当的资源配备可以很有效地应对一定等级的溢油事故,因此溢油等级的概念只是溢油分级响应安排等级的一部分。溢油分级响应安排虽主要针对应急服务机构,但所针对的应急资源和应急服务机构,在介入溢油响应过程中须纳入国家溢油应急反应计划并受国家级溢油应急反应体系指导。因此筹建国家级溢油应急反应体系和制订国家溢油应急计划时考虑分级响应安排是必要的。按照国际上对溢油分级响应安排的定义,安排分为三级:① 一级:使用当地的溢油处理资源处理的小型地方性溢油。② 二级:需要地区内其他溢油应急资源共同处理和控制的中等规模的溢油。③ 三级:使用国内或国际间的溢油应急力量和资源协助处理和控制的大型或灾难性的溢油事故。

(2) 应急队伍和应急能力初具规模:根据相关法规,各石油公司必须配备与其开发规模相适应的溢油应急设备,不断完善海上溢油组织体系和应急计划。中海油成立了目前国内唯一一家以提供国际 2 级溢油应急响应为主业,专业化、市场化运作的环保服务公司——中海石油环保服务有限公司,并在全国沿海建立了六个海上溢油应急处置基地;中石化为保证埕岛油田勘探开发建设的安全与环保,在胜利油田组建了具备处置中型溢油应急响应能力的海洋应急中心;中石油在渤海三家油田分公司已具备自行处置小型溢油事故的能力,并分别与中海石油环保服务有限公司签订了应对中大型溢油污染处置的应急协助服务合同。

《洋环法》第五十四条规定:勘探开发海洋石油,必须按有关规定编制溢油应急计划,报国家海洋行政主管部门的海区派出机构备案。海上溢油应急计划指从事海洋石油勘探开发的企事业单位、作业者为了防止溢油事故的发生,避免或减轻海洋环境污染损害所预先拟定的应急措施,制定溢油应急计划主要是为了贯彻我国环境保护工作"预防为主,防治结合"的方针。海上溢油应急计划应由企事业单位、作业者在作业前制定,并报主管部门备案。一旦发生重大溢油事故,企事业单位、作业者应按溢油应急计划的规定进行应急救援工作。《海洋石油勘探开发环境保护管理条例》第六条规定,企事业单位、作业者应具备防治污染事故的应急能力,制定应急计划,配备与其所从事的海洋石油勘探开发规模相适应的溢油回收设施和围油、消油器材。《海洋石油勘探开发环境保护管理条例实施办法》第九条规定,为防止和控制溢油污染,减少污染损害,从事海洋石油勘探开发的作业者应根据油田开发规模、作业海域的自然环境和资源状况制定溢油应急计划。《海洋石油勘探开发溢油应急计划编报和审批程序》规定了溢油应急计划的内容。

(3)应急保障建设阶段:充分利用已具备的业务化海洋环境观测、预报与监测系统,建立环境信息支持系统,为海洋石油勘探开发环境保护管理和溢油应急响应提供技术支撑。① 卫星监视系统建设:利用国内外现有多种遥感卫星资源(ENVISAT,RADARSAT,ALOS,HY-1,MODIS 等),建立多源卫星遥感综合处理中心和业务化的卫星遥感溢油监视监测系统,逐步实现重点监测海区的卫星遥感数据的每日覆盖及快速处理。建立溢油信息获取模型。提取溢油的位置、油种、溢油面积、厚度等量化信息,以此估算溢油量,提高溢油识别准确率;建立常见油种光谱特征数据库,便于识别溢油来源;研究卫星遥感溢油信息自动识别技术;开发用于业务化监视监测工作的卫星遥感溢油信息提取、分析软件;针对航空飞机及海监舰船的航线优化辅助决策支持系统。② 溢油鉴定业务体系建设:建立我国海上生产和运输油样的基于 GIS 的油指纹数据库和计算机辅助的油指纹数字化鉴别系统;开展油样室内外模拟风化实验,掌握油品风化规律;发展鉴别技术,不断完善溢油鉴别体系,为开展快速溢油鉴别、解决各类责任纠纷、预测溢油长期潜在的对环境的影响和选择适当的溢油响应措施提供重要依据,为海洋行政管理、海洋执法监察对溢油事故的处理和海上溢油纠纷案件提供技术支持,维护国家海洋生态权益,维护海洋石油开发企业和社会公众的合法权益。③ 溢油漂移预测与溯源软件系统建设:充分利用已具备的业务化海洋环境预报与监测系统,结合可共享的溢油应急实时卫星遥感、航空、船舶监测资料,建立溢油环境信息数据库;建立渤海海洋动力环境数值预测系统,为溢油漂移预测提供动力环境背景场;建立溢油漂移扩散预测预警系统、反向溢油溯源系统,为溢油应急预测预警、无主漂油、溢油应急提供重要的技术支持。④ 设立海洋石油污染赔偿基金:由从事海洋石油生产、运输、加工的各类企业共同缴纳基金,专款用于海洋生态损害赔偿。由国家海洋局会同财政部代表国家组织对重大海洋环境生态损害实施评估与赔偿。建立海洋油气矿产资源勘探开发污染损害民事责任保险制度。⑤ 培训与宣传体系建设:依托拟建立的海区溢油应急管理服务中心和现有培训资源,加强专业培训,尤其针对应急管理人员、一线工作人员的应急知识和技能加强培训。

5.2.2.2 应急管理体系完善阶段

（1）中枢指挥系统成立，进一步明确分工职责：2010 年大连"7·16"事故、2011 年蓬莱 19-3 油田事故等重大海上溢油事故发生后，我国政府更加重视对溢油应急管理的协调体系的构建工作。我国海上重大溢油应急处置长期以来存在协调困难、指挥交叉的问题，这些问题在 2011 年 6 月发生的蓬莱 19-3 油田事故中表现非常明显（陈涛 等，2014）。这起事故被公众诟病多的问题一是信息发布迟缓，二是应急措施不力，三是责任认定不清（朱谦，2012；吴凤丛 等，2013）。作为承担海上石油平台突发事件救援政府责任主体的国家海洋局在前期"应对的'软'态度和责任归属问题的处理"等都让公众"感到愤怒和失望"（陈安 等，2011）。究其根源，国家海洋局职级较低、权力和应急处置资源有限，调动其他部门资源不顺畅。

我国应急管理体制的核心内容中"分类管理、分级负责、属地管理"是非常重要的原则。具体到海上溢油，主要分为海上油气开发、船舶溢油、油品储库和输油管道、陆源溢油等，这一分类的根据是溢油发生的场所和地理位置。由于管理体制的问题，在我国这些不同领域的溢油问题由不同的部门承担监测及救援任务，面对非上级机构发出的相关指令，即便相关指令有其合理性和必要性，相关部门仍然会拒绝执行或变相拒绝执行。而同级横向协作一直是体系运作的难点，事故的指挥协调中心不明确，导致救援应对无法顺利进行。由此，中央政府对重大海上溢油应急处置体制和机制再考量，在国家层面进行了一系列溢油应急管理体制机制建设。大连"7·16"事故后，中央机构编制委员会办公室印发了《关于重大海上溢油应急处置牵头部门和职责分工的通知》，明确要求交通运输部负责会同有关部门编制国家重大海上溢油应急能力建设规划，组织、协调、指挥重大海上溢油应急处置工作（国家重大海上溢油应急能力建设规划，2016）。溢油应急管理体制的另一个关键变化是交通运输部成立了常设的中国海上溢油应急中心，加强了溢油应急管理的专业性，使原来分散在各个部门的溢油分类管理得到一定程度的整合（赵玲，2018）[49]。另外，为解决各职能部门之前存在的协调问题，2012 年又在国家海上搜救部际联席会议的基础上成立了国家海上搜救和重大海上溢油应急处置部际联席会议（刘一丁，2013），海洋重大溢油突发事件国家层面的协调主体得以行成。

（2）完善溢油应急预案阶段：按照《海洋环境保护法》第十八条规定，"国家海洋行政主管部门负责制定全国海洋石油勘探开发重大海上溢油应急计划，报国务院环境保护行政主管部门备案"。2015 年 4 月 3 日，国家海洋局印发了《国家海洋局海洋石油勘探开发溢油应急预案》,内容包括预案的总则、目的、工作原则、编制依据、适用范围以及组织体系、运行机制、应急保障、监督管理等方面。各相关单位、生产责任企业应当在该预案的指导下,通过对可能发生的海上溢油事故进行充分预测分析,制定出针对性、操作性、实效性较强的工作预案,做到有备无患、未雨绸缪,确保临阵不乱、有序处置,逐步实现海洋石油开采溢油危机应急管理的科学化(侯涛,2016)[162]。我国积极履行OPRC1990公约并执行《海洋环境保护法》《中华人民共和国海洋石油勘探开发环境保护管理条例》及《中华人民共和国海洋石油勘探开发环境保护管理条例实施办法》的相关规定。为了贯彻《海洋环境保护法》,我国发布了《中国海上船舶溢油应急计划》及《北方海区溢油应急计划》《东海海区溢油应急计划》《南海海区溢油应急计划》《台湾海峡水域溢油应急计划》(翟雅宁,2012)。在国际合作方面,我国与韩、日、俄等国共同编写了《西北太平洋行动计划区域溢油应急合作谅解备忘录》,制定了《西北太平洋行动计划区域溢油应急计划》,增强了与邻国共同应对溢油污染的合作(尹子卉,2010;陈伟建,2012)。

中石化、中石油以及中海油等主要石油企业建立了标准化溢油应急响应程序,筹建了集溢油应急预案编制、应急培训、演练于一体的溢油应急基地。

(3)加强应急资源配置体系建设:应急资源的调配需要有制度保障、程序保障和资金保障。在资源协调的制度建设方面,我国现有相关法律法规对资源配备进行了原则性规定(赵玲,2018)[50]。《海洋环境保护法》规定装卸油类的港口、码头、装卸站及船舶均应编制溢油污染应急计划,并配备相应溢油应急物资和装备。交通部于2009年发布了行业标准JT/T 451—2009《港口溢油应急设备配备要求》,针对各类、各级港口码头,规定了溢油应急处置物资的配备量和配备内容。① 在设备库布局规划建设方面,我国颁布了《国家水上交通安全监管和救助系统布局规划(2005—2020)》,目前已陆续在深圳、烟台、湛江、扬州、珠海、秦皇岛建立了溢油应急设备库,并计划在天津、青岛、大连、宁波、珠江口等地建立处理能力达到1 000 t溢油的应急中心;在内河方面,我国将在长江干线建立13个溢油应急响应设备库,包括1个中型设备库、7个小型设备库以及5个可对抗50 t船舶溢油的设备点,从而构成较为完善的长江干线多层级防污应急体系。② 在设备库配备方面,《国家船舶溢油应急设备库设备配备管理规定》对长江流域的设备库进行了分类,并根据设备库的大小提出了设备配置的数量和种类要求,包括围油栏、收油机、应急卸载泵、溢油分散剂及吸油材料等。另外,根据2007年国家水上交通安全监管和救助系统布局规划,按照国家原油运输网络和敏感资源区分布,2020年前将在沿海建设16个国家船舶溢油应急设备库,这些都有助于加强相关部门资源的整合,协调调配相关资源的能力。快速、有效地调配非常重要,溢油应急监视监测系统、应急处置设备系统、应急队伍是溢油应急资源体系的组成要素(徐葱葱 等,2017)。③ 在物资配备方面,目前,我国沿海各省区都已经建立溢油应急处理中心。各沿海港口、码头和装卸站等相关地点也已经按照规定装备了部分溢油应急设备和器材。这些溢油应急设备可以用于各种油类港内装卸作业时围控和处理中小规模溢油事故。此外,我国政府已经先后在烟台和秦皇岛两地设立了两个国家级的溢油应急管理设备贮备库和相应的应急管理技术交流中心。这两个中心都按照规定装备了较为先进的卫星监测系统和溢油清除控制系统,同时装备了技术比较先进的海上溢油回收船,还有先进的收油机等溢油存储设备。④ 在溢油物资技术标准方面,我国的溢油应急物资除围油栏、吸油毡、分散剂及浮油回收船外,多数应急物资没有统一的技术标准,使应急能力不能满足需求(周号 等,2010;江勇 等,2013)。因此,应在进一步推进我国溢油设备库建设的同时,加强溢油应急物资相关技术标准的制定,以完善我国溢油物资配备的标准,适应溢油应急处置的需求。⑤ 从应急机构角度看,我国海洋环境应急的相关职能主要分布在环保部、海洋局、海事局、渔政局及海军,另外,相关企业是溢油应急管理的第一责任人。下面以主要的海上溢油应急救援部门为例,梳理各类部门应急救援资源。a 环保部:陆上溢油监视系统、各类陆上溢油应急设备及救援力量。b 海洋局:海上溢油监视监测系统,包括对海上石油平台及输油管道溢油等的监测。c 海事局:溢油救援及处置设备。d 其他政府部门:包括渔政、海警等人员和救援设备。e 军队:海军、空军等监测、救援设备。f 港口企业:视频、雷达监视监测系统及应急救援人员和设备。g 油气勘探企业:石油平台溢油监视警报系统及处置设备。h 船舶运输企业:船舶溢油监视警报系统。i 油气储运企业:输油管道及油气仓库溢油监测及救援设备。j 溢油处置专业企业:国家溢油应急设备库、专业清污公司和三大石油公司建设的重大海上溢油企业专业应急队伍。k 溢油应急清除志愿者队伍,由地方政府组织有关人员组成。各个部门之间的配合始终存在流程不畅、信息不及时等问题。⑥ 从调配的保障上来看,为确保资金上的保障,我国正努力建立完善的应急资源征用补偿机制和损坏补偿机制。2012 年 5 月,《船舶油污损害赔偿基金征收使用管理办法》发布实施,办法第 17 条规定,基金赔偿顺序第一位是"为减少油污损害而采取的应急处置费用"。2013 年 8 月修订的《船舶油污损害民事责任实施办法》,所有油船和 1 000 t 以上的非油船都需按照规定进行保险。所有油船和 1 万 t 以上的其他船舶,应与船舶污染清除单位签订污染清除协议,一旦发生溢油事件,可以通过该协议请专业油污处理企业进行溢油救援处理。这些都对应急资金保障起到很好的作用(赵玲,2018)[50]。

（4）探索改进应急协调机制阶段：协调管理的核心问题主要是人、财、物的有序合理配置，其实质为三个核心问题：谁来协调？协调什么？怎样协调？在建立协调体制基础上，重点在信息、人员的协调上进行一系列建设，以完善该机制的构建，建立溢油应急信息系统。该系统包括应急通信系统和应急信息服务系统，依托有线、无线公网和专网，完善海上搜救应急通信网，构建溢油应急与海上搜寻救助一体的应急通信系统。加强海事、海洋、公安等部门及涉海企业通信专网建设，确保海陆之间、部门之间的实时语音、数据、视频通信畅通。另外，《国家重大海上溢油应急能力建设规划》明确 2015—2020 年依托各部门、各单位现有信息系统和数据库建设，建设连接中国海上搜救中心（海上溢油应急中心）、省级海上搜救中心（海上溢油应急中心）和其余 22 个国家部际联席会议成员单位的海上溢油应急信息服务系统，实现溢油相关信息共享。组织定期联合演习。为提升协调救援人员的能力，联席会议要求组织相关部门和单位每年进行至少 1 次的重大海上溢油应急演习。该类演习要求明确应急人员参与演习的次数，演练不同部门间的配合协作，使相关救援人员的实际操作能力在演练中得到提升，使各部门对救援场景更熟悉(赵玲,2018)[50]。石油企业之间的合作不仅可以提高企业自身的溢油应急能力，也可以提高区域溢油应急能力，还可以从国家层面提高应急管理水平。企业之间通过共享应急资源、建立资源协调机制、共同培训、定期演习等可以有效提高溢油应急管理水平。2014 年，为提高区域应急能力，中石油、中石化及中海油进行了联防区设置，并建立了年度联合演习机制。2015 年在第七联防区中的隶属于中国海油的最大炼化企业——惠州炼化进行了综合应急演练，内容包括消防、人员疏散及海面溢油处置，有效地提高了三大石油石化公司在应急处置方面的合作与效率。在大型的突发应急事故中，应急资源的需求远远超出单一企业单一地区的应急能力，有时甚至需要协调调度整个行业乃至地区、国家的应急救援力量。制定企业联动应急预案，定期演练与培训，保证在某一企业发生应急事故时，其他企业对事故企业的应急支援渠道畅通。应急资源包括应急设备、应急物资与应急人员，是企业应急管理的重要组成部分，然而在一般情况下其使用效率相对较低，通过建立资源共享制度，每个企业适度投入，在演练或应急情况下所共享的资源可以满足一个或几个企业的需要，这既可以提高企业的应急能力，还能为企业减轻负担。中石化、中石油以及中海油是中国的三大石油石化公司。这三家公司的经营范围遍布全国，这就给大型企业之间的应急管理提供了非常好的区域联动、资源共享机会。例如，中石化、中海油可以为中石油提供应急资源，建立共同演练、培训机制，中石化、中石油也可以为中海油提供应急支持。2011年4月(阮锋 等,2017),中石化、中石油以及中海油的 QHSE(Quality,Health Safety,Environment)部门联合发文成立应急救援联动协调小组,在消防、危险化学品、长输管线、井控、水上救助以及防污染应急等方面加强合作。发挥三大石油化工公司的应急资源优势,提高重特大突发事件应急处置能力,最大限度地减小人员伤亡、财产损失及环境污染,在组织机构建立、应急启动程序、应急资源管理等多个方面进行了探索,逐步完善了三大石油公司的应急联动机制。a 组织机构建立:建立了应急救援联动的组织机构,包括领导决策层、管理与技术支持层和区域联防层。明确了应急救援联动的原则:应急救援联动遵循属地管理、资源共享、配置互补、联手保障的原则。通过区域合作、统筹规划、协同应对等措施,建立统一指挥、反应迅速、协调有序、运转高效的区域联防机制。b 应急程序建立:明确三大石油化工公司区域联动启动条件与程序,事件企业根据突发事件应急救援需求向各自的总部提出应急联动请求,中石油安全环保部、中石化安全监管局、中海油 QHSE 部门协调,并向增援企业发出增援指令,增援企业按要求出动应急资源与人员,到达现场后接受现场指挥部的统一指挥。c 应急资源管理:学习国内外应急资源分类方法和标准,确定了按照用途对应急资源进行分类,采集大型、特种、先进应急装备以及大宗应急物资的原则,并建立了应急物资数据库。开发了中石油、中石化、中海油应急联动平台,对下属企业的应急救援队伍、应急装备及物资等进行动态管理,可以快速查询到需要的应急资源,实现了三大石油石化公司在应急资源上的共享。d 联防区划分:在全国范围内建立了覆盖三大石油石化公司所有企业的联防区。联防区划分考虑行业优势、区域覆盖、地域邻近等因素。

(5)完善海上溢油应急支持保障体系建设阶段:① 海上溢油应急资金保障体系。我国海上溢油灾害应急管理资金像其他应急管理资金一样基本上来源于两个方面:一方面主要来自政府财政部门提供的预算资金,而另一方面主要依靠社会自筹以及相关组织和个人的捐赠。根据规定,在每年的年初,我国中央财政和各沿海省市所属的财政部门就应当遵循《中华人民共和国预算法》规定,依据海上溢油事件的应对工作的层次和级别,按照以各地方资金为主的原则来安排专门的海上溢油应急管理预算。当我国沿海某地区海域发生溢油事件的时候,根据规定,一般会首先从沿海各省区市相应财政预算当中安排资金,但当灾害严重而地方财政确实存在困难时,通常经过相关审批后,国家会对沿海各省区的地方政府提供资金上的帮助。目前,媒体发达,交通便利,社会自筹和捐赠资金也成为救灾资金的来源。② 海上溢油应急物资保障体系。对于溢油危机事件来说,其溢油应急处理物资主要包括两类:第一类是帮助受溢油影响的沿海人民群众恢复正常生产和生活所需的一般物资,另一类物资是应对危机事件的应急队伍所必需的应急工具等具体的设备。沿海各省市都储备一定的与海上溢油灾害有关的救灾物资。海上溢油灾害一旦发生,相关部门可以利用储备物资进行救灾。③ 海上溢油应急工程技术保障体系。我国溢油应急通信网络主要由四部分组成:第一是国家水上搜救专用电话12395;第二是海岸电台,海上采油平台或者船舶发生溢油事故时,可以通过海岸电台或海岸有线/无线通信设备向相关溢油管理部门发出海上溢油事件报告和直接与相关主管部门联系;第三是交通专用卫星通信网络,它是一种长途通信手段,平时联系可以使用该网络,在极为紧急的时刻,该网络可以保持通信的畅通无阻。目前,我国在秦皇岛港务局等几处地点建立了卫星通信站,我国河北海事局等几个地区的海事局也已经具有通过交通卫星进行联系的能力;第四是邮电公用通信网,如果是在陆地或者近岸地区,则可以通过邮电公用网络通信。④ 海上溢油监测预警系统。我国海上溢油监测预警系统通常包括与溢油相关的信息收集、信息加工、决策、警报和咨询五个既相互联系而又彼此独立的子系统。我国沿海各地区的溢油危机事件信息收集子系统包括我国气象、国土资源、海洋等与海上溢油相关的部门,还包括一些民间的相关组织以及我国海岸周边居民等;海上溢油信息加工子系统一般来说包含政府某些职能部门、溢油专家库以及与海上溢油科研机构等;海上溢油决策子系统通常包括溢油应急决策、行动以及溢油应急管理,而这些决策、行动通常由海上溢油应急指挥中枢做出;海上溢油警报子系统包括海上溢油报警组织与相关的人员、海上溢油事件级别标准和相应的应急处理标准,还包含海上溢油警报发出的方式和途径;海上溢油咨询子系统通常包括海上溢油专家库、海上溢油研究所、海上溢油咨询机构和相关海洋科研团体等。预警信息是整个预警监测机制成败的关键点,在一定程度可以说预警信息是否准确、及时和完整将决定整个海上溢油应急管理的成功与失败。

5.2.2.3 应急管理体系优化建议

我国海上溢油应急管理体系的建设和完善已初见成效,随着实践经验的积累和经济、科技水平的提高,我们还需逐步完善溢油应急响应体系建设,提高海上溢油事故应急管理体系管理水平,实现应急管理工作的科学化、规范化、标准化。增强政府在溢油事故中应急预案的主导性,细化预案,加强对预案的动态管理。

(1)完善应急标准(张兆康 等,2006)。重大溢油处置体系的完善需要一系列优化和完善,救援标准化是体制顺利运行的保证。溢油应急牵涉的部门众多,事件管理中技术要求比较高,人力、物力的投入较大。在这种情况下总结各阶段操作经验,使联动机制制度化、程序化,有助于在时间有限、信息有限、领导者经验有限的情况下做出正确的应急决策,有助于整个体制运行得顺畅。尽管有了针对重大事故的海上溢油应急管理机制体制建设,我们仍然要注意厘清其他溢油应急管理职能部门和交通部海上溢油应急中心之间的关系、分工及职责,如事故发生后各部门信息上报、信息共享、救援责任部门认定、救援指挥中心认定等,以防止出现推诿、责任不明的问题。在协调流程设计中,要特别关注减少层级节制,实现跨区域、跨部门资源快速调用体系,提高溢油事故应急计划的适用性和实用性。溢油应急响应的推荐性标准来自应急响应行业管理上的需要和主观上的各溢油应急响应组织已趋成熟的经验主张。例如,这些应急响应组织已经有系统地提出应急响应作业的各类作业指导书、应急设备操作手册和使用记录;针对不同作业环境和应急目标的计划版本和撰写格式;针对不同设备使用条件的维护维修方案,更重要的是对这些规定执行的有效监督和良好的作业实践。需要总结归纳的推荐性标准有:① 溢油应急响应作业推荐性标准:a. 溢油应急响应计划推荐性标准;b. 近海海域溢油应急响应作业推荐性标准;c. 岸线清理应急响应作业推荐性标准;d. 陆地溢油应急响应作业推荐性标准。② 应急响应岗位培训推荐性标准:a. 一级溢油应急响应现场操作应知应会;b. 二级溢油应急响应现场指挥应知应会;c. 三级溢油应急响应现场协调应知应会。③ 设备可靠性排查推荐性标准:a. 应急响应设备的可靠性排查推荐性标准;b. 应急响应设备的检修方案。④ 海上工程可靠性排查推荐性标准。筹划推荐性标准强调:涉及管理、文件控制、服务质量控制等与质量有关的内容,直接使用 ISO 9001:2000 标准。涉及管道阀门操作,维修作业中的电气、机械、热加工等与生产处理岗位技能培训标准相关时,直接使用后者的标准。不提出暂时性的推荐性标准。标准系统持续稳定的时间越长,标准化成本越低,效益也最好。根据推荐性标准要求编制符合国家法律、法规和国际行业要求的溢油应急计划是应急响应组织的一项重要服务。港口码头、海上平台、陆地终端、船舶和钻井的溢油应急计划在编制和格式上与行业标准的要求相符合。应急响应计划必须是现实的和实际的,并易于使用,让应急管理人员和作业人员容易理解,定期进行评估、评审和更新,适用国家环境安全法律。

推荐性标准要求应急响应计划必须有效评估环境安全因素。确保计划中包括评估方案、安全因素鉴定记录和一个独立的评论,确保计划实施的有效性。应急计划不应也不可能为船型、围油栏、撇油器提供具体的指南。那是各类作业指导书和设备操作手册的事。推荐性标准要求计划的制定者必须在计划中考虑作业中的许多变数,如海域、区域的作业条件限制,符合应急规模的可用设备的类型和尺寸。推荐性标准不要求计划提供具体的设备菜单，而侧重于提出根据风险评估计算出来的所需要的应急能力。在选择评估方法和决策工具检验海上设施和油气井时，海上应急响应作业者有更多的自主性。对应急响应演习方案的制定并无推荐性标准，但有可供参考的案例。应急响应演习必须强调演习的目的，对演习是否达到目的做出评估。通过运用风险分析而确定目的，从演习的各个阶段的调研、程序设计、资源配置和安装调试，一直到演习结果评估，都要依照演习方案实施。参考案例的好处在于给演习归类，作为样本方便类似演习方案的编写和制定。

（2）完善资源分布信息系统。海上重大溢油应急管理是针对一定级别污染和灾害的事故救援，如果是区域性低级别的溢油污染问题，如何进行地区层面应急协调仍然需进一步深入探讨。这一机制的设计和全国层面机制的设计有一定区别，因为资源调度规模小、涉及单位少，但仍然可能涉及跨地区、跨部门的资源调度和整合。我们需要从两方面对地区性资源整合进行重点建设：首先，制度建设是基础。建立资源分布信息系统。资源分布地图和资源档案库明确资源所在位置和部门，准确掌握应急资源的地域分布特点、所属部门的分布特点，使资源调度信息准确可靠。其次，建立资源调用指挥系统。快速协调相关部门调用资源是救援中的难点，这部分在指挥系统中应该是协调重点（赵玲，2018）[50]。

（3）完善资源补偿机制。建立灾难应急协调机制的难点在于如何进行费用的分摊和确定支付办法，这些费用用于应急设施设备的采购、运营管理、维护保养和更新、人员培训、应急演练等。根据已有经验，可以采取以下方法：一是建设应急专项基金。溢油应急涉及不同所有制、不同规模的企业之间的资源协调，责任、义务、利益诉求难以达成一致，这就需要补偿机制来弥补相关单位在救援中的损失。我国目前已经进行了这方面的工作，但是力度和范围还不够，建议除现有的船舶油污损害赔偿基金外，还应采取企业投保环境责任险、建立石油行业信托基金等经济手段来建立溢油事故应急专项资金，保障事故发生后各项应急工作的顺利进行。该项基金除企业投入外，也可比照发达国家的经验，由中央政府、沿海地方政府共同出资，在一定程度上缓解负外部性问题。二是建立多元共建机制。溢油事故应急物资通常需要大量储备并定时更换，如果每个相关单位都要独立建设则会对以利润为目标的企业会造成较大压力，也会使他们偷工减料造成溢油应急物资储备不足。针对这些问题，一方面我们要加强监督管理，另一方面可以让相关企业、部门共同建设应急物资仓库，还应该鼓励行业和区域成立溢油应急联盟或协会，利用社会力量分摊应急救援成本（赵玲，2018）[50]。

（4）建立溢油应急物资管理的日常规范。在完善管理溢油应急设备库的同时也应制定设备库维护保养、资金管理、应急器材使用、应急演练等方面的工作制度或标准,建立规范化的设备操作使用规程,健全设备维护制度、管理制度和应急响应制度,落实使用与维护岗位责任制。根据应急设备、物资的配备情况以及每年消耗情况,制订维护计划,做到项目资金落到实处,切实满足溢油设备物资的需求(邵华,2019)[51]。

5.3　溢油事故应急管理法律法规

纵观多年来海洋石油勘探开发溢油事故的应急过程和结果,分析原因,厘清相关政策规章、法律法规的"盲点"和应急过程中的薄弱环节,参考国外包括防范处置、监督管理、问责赔偿等在内的先进实践经验和做法,完善我国海洋石油勘探开发相关法律法规和制度,做到有法可依、有法必依,奠定溢油事故应急管理的基石。

5.3.1　国外的法律法规、公约

有关海洋环境保护的国际公约主要有《1973 年国际防止船舶造成污染公约》《1972 年防止倾倒废物和其他物质污染海洋公约》《1969 年国际干预公海污染公约》《1990 年国际油污防备、反应和合作公约》《2000 年有毒有害物质污染事故防备、反应与合作议定书》《2001 年国际控制船舶有害防污底系统公约》《2004 年船舶压载水和沉淀物控制和管理公约》《1969 年油污损害民事责任国际公约(CLC)》《1971 年设立国际油污损害赔偿基金公约》。其中《1990 年国际油污防备、反应和合作公约》是第一个以防止污染海洋和海岸环境为目的的海洋公约。1990 年 11 月 19 日至 30 日,国际海事组织在英国伦敦召开大会并通过了《1990 年国际油污防备、响应和合作公约》,共有 90 多个国家和 17 个国际组织的代表或观察员参加了会议。1990 年年底,包括我国在内的 81 个国家成为签署国。

5.3.2　国内的法律法规、政策法规

5.3.2.1　基础法律法规

我国对海洋环境风险防范制度以《海洋环境保护法》为主,该法把控制海洋

污染和加强海洋生态环境保护结合起来,增加海洋生态保护的内容;把控制海上污染和陆源污染结合起来,在浓度控制的基础上,实施总量控制制度;把海洋环境保护法和国际公约协调起来,增加履行国际条约的内容;理顺海洋环境保护监督管理体制和执法机制,对海洋开发实行统一规划、协调管理(张耀光 等,2002)。《海洋环境保护法》规定了应对海洋危机事件的理念、目标,应对灾害组织,应对灾害规划,对那些可能发生的危机事件进行危机发生之前的监控和预警、危机事件紧急处理和救援、危机事件发生后的恢复和危机恢复后的重建工作等(孙江 等,2012)。

我国没有专门的海上溢油污染防治法,对海上溢油污染问题的法律规定以《海洋环境保护法》为基础,以《中华人民共和国环境保护法》和《中华人民共和国环境影响评价法》等其他环境保护法律中有关海上溢油的条款做补充,还有国务院制定的法规和条例、部门规章等。1983年3月1日开始施行的《海洋环境保护法》标志着我国的海洋环境保护工作走上了法制轨道。1999年12月25日通过了对该法的修订,修订后的新法自2000年4月1日起施行;于2017年11月4日进行三次修正,2017年11月5日起实施。该法对海上溢油污染防治做了较宏观、全面和统一的规定,是其他海上溢油污染防治法规规章的指导和依据,在各法规规章中起到统帅作用。现行《海洋环境保护法》中与溢油有关的法律制度主要有海上重大污染事故应急制度、污染事故报告处理制度、环境影响评价制度等,在第九章法律责任一章对违反该法规定、造成海洋环境污染事故的行为做出了罚款处罚的规定。根据《海洋环境保护法》以预防为主的原则,在海洋上发生的溢油污染事故往往是突发性的,如果不能及时补救,其后果不堪设想。要减少重大海上溢油污染事故的损害,必须预测风险,制定应急方案,施行溢油事故应急制度。一旦事故发生,才可能迅速、及时、有计划地实行补救行动。《海洋环境保护法》第十七条规定,"因发生事故或者其他突发性事件,造成或者可能造成海洋环境污染事故的单位和个人,必须立即采取有效措施,及时向可能受到危害者通报,并向依照本法规定行使海洋环境监督管理权的部门报告,接受调查处理。沿海县级以上地方人民政府在本行政区域近岸海域的环境受到严重污染时,必须采取有效措施,解除或者减轻伤害。"明确规定导致事故或者突发性事件的责任者,首先应立即采取有效措施。然后第一时间向可能受到污染危害者及时通报,随后要及时向行使海洋环境监督管理权的部门报告,如在海上,应尽量向就近的海事或者渔业部门报告,当处于非海域环境时,要迅速向环境保护部门报告;事故方要实地反映情况,配合有关部门行动,并按要求和有关部门采取有效措施,对污染海域进行有效处理,遏制污染的扩大,并将损失控制在最低水平。

《海洋环境保护法》第十八条规定,"国家根据防止海洋环境污染的需要,制定国家重大海上污染事故应急计划。"存在重大海洋环境污染事故风险的单位,需要按照有关规定,结合实际制定实施相关应急计划。环境保护主管部门、海洋行政主管部门要对各应急计划依法进行备案。沿海县级以上地方人民政府及其有关部门在发生重大海上污染事故时,必须按照要求启动应急计划,解除或者减轻伤害(徐祥民,2005)。《海洋环境保护法》第七十二条规定,"所有船舶均有监视海上污染的义务,在发现海上污染事故或者违反本法规定的行为时,必须立即向就近的依照本法规定行使海洋环境监督管理权的部门报告。民用航空器发现海上排污或者污染事件,必须及时向就近的民用航空空中交通管制单位报告。接到报告的单位应当立即向依照本法规定行使海洋环境监督管理权的部门通报。"拥有海洋环境监管权的部门可以在海上实行联合执法,在巡航监视中发现海上污染事故或者违反《海洋环境保护法》规定的行为时,拥有事故调查权、现场检查权(包括对造成事故的外国籍船舶进行登轮检查处理的登临权)、紧急管理权(如扣押权、紧追权等)、事故处理权、行政处罚权等(蔡守秋,2011)。在溢油事故发生之时,《海洋环境保护法》规定了污染事故报告处理制度。该制度是指国家规定建立和实施的因发生(溢油)事故或者其他突发性事件以及在环境受到或者可能受到严重污染,威胁居民生命财产安全时,依照法律、法规的规定进行通报和报告有关情况并及时采取措施的制度。《海洋环境保护法》只对污染事故报告制度做了原则性规定,与其相配套的有关条例对污染事故报告制度做了具有操作性的具体规定(马英杰 等,2012)。同时,《海洋环境保护法》第四十七条规定,"海洋工程建设项目必须符合海洋功能区划、海洋环境保护规划和国家有关环境保护标准,在可行性研究阶段,编报海洋环境影响报告书,由海洋行政主管部门核准,并报环境保护行政主管部门备案,接受环境保护行政主管部门监督。海洋行政主管部门在核准海洋环境影响报告书之前,必须征求海事、渔业行政主管部门和军队环境保护部门的意见。"第一款规定,海洋工程建设项目单位在可行性研究阶段必须编制海洋环境影响报告书,这是防止海洋工程建设项目污染损害海洋环境的有效措施,也是我国环境管理的基本制度。根据本款规定,环境影响报告书应报有审批权的海洋行政主管部门审核批准。海洋行政主管部门应将审核批准的海洋环境影响报告书,通知申报单位并报同级的环保主管部门备案,接受环境保护行政主管部门的监督。第二款规定,海洋行政主管部门在审核批准海洋环境影响报告书之前,应该广泛听取各方面的意见,其中必须征求海事、渔业行政主管部门和军队环境保护部门的意见。海洋石油勘探开发环境影响评价应当参照国家海洋行政主管部门发布的《海洋石油开发工程环境影响评价管理程序》进行,这也在一定程度上减少了海上溢油事故的发生(王宇平,2013)[9-10]。

《海洋环境保护法》第九章对违反本法规定,造成海洋环境污染事故的行为做出了罚款处罚的规定:因发生事故或者其他突发性事件,造成海洋环境污染事故,不立即采取处理措施的,处二万元以上十万元以下的罚款;发生事故或者其他突发性事件不按照规定报告的,处五万元以下的罚款;对于在海洋石油勘探开发活动中,造成海洋环境污染的,由国家海洋行政主管部门予以警告,并处2万元以上20万元以下的罚款。由此可以看出海洋污染方面的违法成本很低。

此外,关于海上溢油污染防治的法规、规章、条例主要有《防治海洋工程建设项目污染损害海洋环境管理条例》《中华人民共和国环境影响评价法》《中华人民共和国侵权责任法》《海洋石油勘探开发环境保护管理条例》《建设项目环境保护管理条例》等,还有国家海洋局制定的《海洋石油勘探开发环境保护管理条例实施办法》《海上应急监视组织实施办法(试行)》《海洋石油勘探开发溢油应急计划编报和审批程序》《海洋石油勘探开发化学消油剂使用规定》等。

5.3.2.2 应急处置专门法规

2003年国务院审议通过《突发公共卫生事故应急条例》;2005年通过《国家突发公共事故总体应急预案》;2007年正式实行《中华人民共和国突发公共事故应对法》,该法是我国应急管理领域的一部基本法,该法的制定和实施成为应急管理法制化的标志。虽然我国在应急管理立法及完善管理体制、机制等方面做了大量工作,但在具体实施过程中仍存在不少问题,譬如:谁提出? 谁决策? 实施决策以及损失的分配都不易把握。蓬莱溢油事故暴露出我国突发公共安全事故应急管理体系存在的缺陷与不足(孙江 等,2012)[1218-1219]。

5.3.2.3 海洋生态损失赔偿法规

2010年山东省颁布了《山东省海洋生态损害赔偿费和损失补偿费管理暂行办法》,规定县级以上人民政府海洋与渔业行政主管部门,可代表国家向当事方提出海洋生态损害赔偿和损失补偿要求。我国先后出台了一系列环境损害赔偿方面规章和司法解释,有2013年的《海洋生态损害评估技术指南(试行)》、2014年的《环境损害鉴定评估推荐方法(第Ⅱ版)》和《海洋生态损害国家损失索赔办法》、2017年的《生态环境损害赔偿制度改革方案》以及2018年的《最高人民法院关于审理海洋自然资源与生态环境损害赔偿纠纷案件若干问题的规定》等。国家尽快启动建立海洋生态损害补偿赔偿制度的立法程序,对海洋生态损害补偿索赔的责任主体、赔偿范围及标准、程序以及补偿赔偿金的使用管理等进行明确界定(刘国涛,2010),为海洋生态保护政策提供经济调控手段,为海洋生态保护提供可持续的财政机制。

5.3.3 完善法律法规、政策规章的建议

（1）制定一套完整的海上溢油应急管理法律体系。建立国家级跨政府部门的海上溢油应急法律体系，对国家、地方、企业三级的应急力量提出规定和要求，形成国家、区域和地方三位一体的应急网络，从立法上来解决根本的问题。首先，国家要统一对重大的海上溢油事件的应急机制，完善海上溢油预警机制、报告制度、组织制度、程序规范、应急措施、善后处理等一系列应急机制中的重要制度，确保政府在海上溢油事件发生时有法可依。完善国家溢油应急反应系统的组织架构，对溢油基金运作、应急投入、队伍建设、物资供应等基础工作予以法律保障，建立国家应急指挥系统和溢油应急指挥中心。其次，各地方要从本海区的实际出发，结合各自海区的特点，制定地方的溢油应急管理条例，作为国家溢油应急管理法的补充。地方法要注意与国家法保持一致，以国家法为指导，制定相应的执行法律，在各自负责的海域内明确相应的职责；地方法还要注意与相邻省份的法律衔接，避免在公共海域发生利益冲突。尽快建立实施省级溢油应急计划，省级政府应充分认识到海上溢油应急工作对当地政治、经济等方面的影响和作用，按照国务院有关规定，与各级海事部门等合作，加大投资与支持力度，建立省级海上溢油应急计划。再次，建立企业赔偿制度，强化赔付机制。我国法律法规在企业溢油应承担的责任上，尤其是经济责任上，规定较为模糊而且数额较低。因此，本着谁污染谁治理的思想，应进一步完善这方面的法律，加大这部分的惩罚性经济责任。另外，法律中还要明确各部门的责任，落实问责制。详细规定各部门的职责，授予相应的权力，对不按照法律规定履行职责或者执法不力的部门追究行政责任。各部门和行政人员要严格按照法律规定行使自己的职责，主动配合相关部门的工作，明确信息公开制度，当溢油事件发生时应尽快向公众公开信息，做到公开、透明，主动接受公众的监督。

（2）与时俱进修订完善《海洋环境保护法》《海洋石油勘探开发环境保护管理条例》《中华人民共和国环境保护法》《防治海洋工程建设项目污染损害海洋环境管理条例》《防治船舶污染海洋环境管理条例》等海洋生态保护方面过时的法律条文，在原则、管理制度、管理体制、法律责任等方面做出符合当前发展实际的修改并增设环境安全至上原则。随着环境污染和生态破坏的不断加剧，生态安全日益成为影响国家安全的重要问题。2004 年 12 月 29 日第十届全国人民代表大会常务委员会第十三次会议修订的《中华人民共和国固体废物污染环境防治法》在第一条中规定："为了防治固体废物污染环境，保障人体健康，维护生态安全，促进经济社会可持续发展，制定本法。"第一次将维护生态安全作为立法宗

旨写进了国家的法律。可以说,生态安全作为一个法律概念在我国已经被确立下来了。安全是生态环境国际法保护价值体系中第一位次的价值目标和取向选择,只有在保证生态环境安全的前提下才能在根本上解决人类的生存威胁问题,法律的作用是在生态危机不断出现的时代在法律规范上保证人类的一切行为都符合生态学中的安全概念和安全意义。

(3)细化海洋生态损害赔偿制度。2010 年山东省颁布了《山东省海洋生态损害赔偿费和损失补偿费管理暂行办法》,规定造成 50 hm 用海生态损失,应缴纳 1 000 万元海洋生态损失补偿费;造成 1 000 hm 用海生态损失,应当缴纳 2 亿元损失补偿费。这种赔偿额度能否解决问题尚不可知,至少在生态损失程度上没有划分。另外如果不进行国家级索赔,而仅仅根据山东的行政性规章,那么行政手段就变成地方政府对受损失渔民和居民的安抚,或者对排污企业的妥协和谈判。出了山东的管辖区域,在河北、辽宁等沿海省市照样不受约束。假如依照国家海洋局颁布的《海上溢油生态损害评估技术导则》可以确定索赔额度,该导则指出,海洋生态损害评估应该包括海洋生态直接损失(包括海洋生态服务功能损失、溢油造成的海洋环境容量损失),生境修复费计算(包括清污费、修复费),生物种群恢复费计算,调查评估费。根据我国民事法律中的"实际损失原则",对海洋生态服务功能损失这类通过计算而产生的索赔范围,法院完全可以予以驳回,我国法律不支持对"可能发生的损失额"进行赔偿。生态损害索赔范围主要限定在已经实际采取或者将要采取的合理恢复措施所产生的费用(米娜,2008),但要界定这些措施的边界非常困难。而《海上溢油生态损害评估技术导则》只是国家海洋局颁布的行业规范,责任方在诉讼抗辩中会质疑其法律效力和司法公正。法律概念的明晰是制度完善的第一步,第一,要明确界定海洋生态损害的概念,详细说明海洋生态损害的构成要件,其定义要具有可操作性。我们可以结合我国的国情制定一个具有可操作性强的有关海洋生态损害的概念,列举出海洋生态损害的具体范围。第二,制定海洋生态损害评估的标准和评估方法,明确海洋生态环境破坏到何种程度需要赔偿,评估生态破坏的标准怎样界定。结合渔业损害、经济损害等赔偿办法,制定一部全国统一的海洋生态损害评估方法,统一评估路径,避免不同的海洋监管部门交叉执法和海洋环境损害的重复索赔。第三,合理确定生态损害赔偿的金额。可以将海洋生态损害根据其轻重划分不同的等级,当生态损害发生时根据制定的等级来给予相应的处罚。第四,详细规定海洋生态损害赔偿项目。应对以下项目加以详细规定:海洋环境容量损失、海洋资源损失、海洋环境修复费用以及为防止海洋环境污染扩大而支付的费用。从海洋生态的众多致损原因来看,油污是危害最大的一类,尤其是船舶碰撞和海上油气开发泄漏导致的油污。因此,完善油污损害方面的立法对完善海洋生态损害赔偿制度至关重要。现阶段我国在立法上尚未有专门的油污法,对海洋油污损害的规定十分零散,建议制定专门的油污法或出台相应的管理条例,对油污损害进行统一规定来作为《海洋环境保护法》的补充(王燕,2013)[36—37]。

(4)持续完善我国海上油田总体开发方案的编制审批与实施监督制度规范,重视和落实《中华人民共和国环境影响评价法》及《规划环境影响评价条例》中规定的规划环评规定。油田总体开发方案作为一种专项规划,应当执行严格的环境保护审查程序,明确规定环境保护主管部门在审批油田总体开发方案中的职责和程序。能源行业管理机关与环境保护主管部门可以联合制订有关油田总体开发方案编制、审批、修订、执行、监管的部门规章(中国海事局烟台溢油应急技术中心,2008)。

(5)加强海洋石油勘探开发作业中污染防治与安全生产监督管理法律法规的实施。严格执行海上石油勘探开发、安全生产监督管理,防止生产事故造成的环境损害,将有关石油开发与生产过程中的设备、措施、技术要求写入法律,如国家能源局应对石油安全生产设备和设施制定具体技术要求,明确规定安全生产监督管理部门、海洋行政主管部门、环境保护主管的责任,检查企业安全环保设施和作业情况,通报企业违规作业情况并进行查处和监督,及时发现问题和消除隐患(孙云飞,2014)。及时、准确地获得溢油动态是海上溢油应急管理成功的关键,所以任何欺骗隐瞒的行为都会给海上溢油应急管理带来困难,给海洋环境带来严重的破坏。法律必须禁止此类行为的发生,对于海洋环境污染未采取有力措施加以治理或者治理不力的行为都应承担法律责任;对于欺骗隐瞒海上溢油信息或者虚报情况的,法律中也应该规定对其予以警告或者罚款等(王燕,2013)[36]。

(6)完善信息公开法律法规制度。首先,应当确立信息统一接收和统一发布机制。《中华人民共和国突发事件应对法》和《海洋环境保护法》等法律法规应当对信息收集、信息发布做出明确、具体的规定。其次,加强《政府信息公开条例》的执法力度,保障公众的知情权,制定配套的投诉、诉讼等具体程序规定,使信息公开责任落到实处。完善信息公开制度,一方面能够使事故受害人能及时掌握信息,做好应急防备和污染索赔,减少损失、保护环境;另一方面,有利于建立公众参与机制,加强对环境保护法的执行与遵守(俞可平,2000;滕娜,2008)。

(7)尽快出台国家层面海洋环境损害鉴定评估办法、海洋环境监测社会服务办法等规章,考虑实行举证责任倒置,引入国外的民事诉讼和惩罚性赔偿机制,建立一种公平、透明和有效率的索赔机制。

（8）建立健全法律法规对应急处置费用负担的规定。首先，应当在损害赔偿规定中明确由事故责任者负担应急费用的责任。在《中华人民共和国海洋环境保护法》《中华人民共和国侵权责任法》中规定环境损害赔偿制度，在赔偿范围中明文规定应急费用的承担。其次，发展应急服务产业，建立应急处置体系的市场化运作机制。具体措施包括应急清污单位资质和能力建设，企业签订强制应急清污协议，做出应急清污费用财务担保规定等。

（9）建立健全惩罚性赔偿机制。我国的环境污染案件通常只按照传统民法上的损失填平原则进行赔偿且赔偿数额比较低，然而污染的损害往往具有隐蔽性和长期性的特点，导致污染受害者的损失无法得到完全补偿。这种企业违法成本较低而守法成本较高的不合理现象不利于鼓励企业积极采取环境保护整改措施（孟雁北 等，2008）。在美国，海岸警卫队对于处以 5 000 美元以下的油污罚款，无须经法院审判程序。但是，美国海岸警卫队若自认为需要处以 5 000 美元以上的油污罚款，就必须起诉至当地法院，并说服法官赞同其处罚意见，由法官判处更加严厉的处罚措施。按照美国《石油和有害物质责任法》的规定，最高可以判处 10 000 元/次或每天处以 10 000 美元的罚款，在有的情形下可以判处高达 25 000 美元的罚款。法院也可能判处损害赔偿金，要求污染者向作为公共资源持有人的政府给付金钱赔偿，弥补因油污导致的资源损害。若污染者未及时、主动地向有关主管当局报告油污事故，法院将判处更加严厉的惩罚。例如，不主动向美国海岸警卫队报告溢油事故者将被追究刑事责任并处以监禁（马文耀，2011）。对相关法律制度我国可以引入借鉴，实行惩罚性赔偿，除了能让责任方对造成的损失进行弥补之外，还能够对责任方形成更大的震慑力。当环境侵权发生时生态环境价值的损害赔偿在现有的法律框架内就不可能得以实现，惩罚性赔偿则可以尝试解决这一问题（宋宗宇，2005）。建议将惩罚性赔偿原则贯彻到全部环境保护立法规范中，在一定程度上降低赔偿的实施条件、提高惩罚性赔偿的数额，加大保护公共利益、自然环境和个体利益的力度（孙江 等，2012）[1222]。

（10）完善石油开发合同内容、增加环保责任条款。在中外合作开发海上石油天然气领域，双方通常不成立合资或合作企业，而是签订产量分成合同（即PSC合同）。PSC合同通常约定由外方单独投资负责勘探，承担勘探风险；发现有商业开采价值的油（气）田后，由外国合同者与中国海洋石油总公司共同投资合作开发，并约定权益比例；外国合同者应承担开发作业和生产作业，直至中国海洋石油总公司按照合同约定接替生产作业为止（《中华人民共和国国务院令第506号》，2007）。合同主要是侧重经济利益，没有明确关于环保责任，在合同中应该明确约定环保责任。

（11）加强跨国公司（包括中外合资、合作、独资公司）监管机制。跨国公司是助推全球经济一体化的重要力量，也往往成为重大环境灾难的主要引发者。原因在于跨国公司利用发展中国家廉价的劳动力资源获取巨额利润的同时并未认真遵守当地的环保法律、政策，甚至利用当地政府监管的疏松而逃避义务或者通过向当地政府施压，影响当地环境政策标准的制定，由此跨国公司的生产经营行为引起对东道国的环境污染以致环境侵权便成为一种经常性的可能与事实，追究跨国公司的环境侵权责任是必需的。我国在跨国公司环境侵权方面的立法存在相当的空白，相关立法的缺乏难以对我国的环境侵权受害人提供有效的帮助，而从长远来看也不利于我国经济与环境的可持续发展。在不少地方执政、执法人员的眼中，跨国公司意味着税收，意味着就业，意味着"国际化"，为了吸引外资，重企业、不重人、重经济效益、不重社会效益的思维依旧根深蒂固。近几年，很多外资企业涉足食品安全、环境污染、偷逃税款等失德失范的事例，给社会带来很多负面影响。政府应该在相关法律中强化对跨国公司（或合资企业）的监管。对于某些涉及国家战略资源和经济安全领域对外资企业可以实行禁入制度（孙江 等，2012）[1222—1223]。

6

>>> 海上溢油事故应急保障

《国家突发公共事件总体应急预案》将应急资源分为人力、物力、财力三个方面，具体包括人力资源、财力保障、物资保障、交通运输、医疗卫生、通信保障及科技保障等。海上溢油事故的应急资源按照全面资源论来划分主要分为人员、资金、物资、信息和技术五大类(曹巍 等,2016)[33]。

6.1 人力资源与能力建设

6.1.1 溢油防控人员类别

由于海洋具有流动性,受大风、洋流等因素影响,海上溢油的回收和清除显得异常困难,应急处置具有很高的专业性,需要训练有素的专业队伍和设备。人力资源是应急资源中的核心资源,按其在应急处置中的职能作用分为指挥人员、专业处置人员、专家队伍、后勤支持人员、非专业辅助人员五大子类(曹巍 等,2016)[33]。① 指挥人员:指挥人员的主要职责在于全面把握重大溢油事态,在事态发展的不同阶段做出相应对策,制定具体的可操作的现场行动计划。② 专业处置人员:此类人员为现场应急处置的专业技术人员,处于溢油应急处置的最前线,具体执行污染控制及清除任务。③ 专家队伍:此类人员为溢油应急管理提供必要的知识、经验以及技术的咨询等。④ 后勤保障人员:此类人员的主要职责是对现场各方提供紧急保障,包括信息技术人员、专业消防人员、装卸及运输人员、医疗救护人员等。⑤ 非专业辅助人员：此类人员可以作为应急处置的辅助人员，执行协助岸滩及近岸海域清污、协助物资搬运等工作。

6.1.2 溢油应急队伍能力提升建议

溢油事故发生后的应急工作能否取得良好效果很大程度上取决于溢油防控人员的素质，因此对相关人员的培养尤为重要。提高人员素质的关键是要对人员开展培训，提高人员的安全意识、专业技术水平和理论水平。要将溢油应急各职能相关人员培训纳入法律制度，法规中要明确规定，溢油防控人员必须经过国家的考核，通过后持证上岗。政府主导、多方参与的应急救援队伍是不可或缺的。我们要注重国家救援力量的组建。政府应逐步建立具有一定规模的溢油监测预防和控制的突击力量。以此为基础，加强应急管理和指挥人员的培训，便于他们及时对溢油事故做出准确判断并提出有效对策，为应急指挥中心提供正确的信息和建议。法规中还要明确规定对监督和执法人员的培训，要培养监测人员掌握当下最新的技术和知识，培养对溢油危险敏锐的感知能力。执法管理人员要了解溢油应急管理机制的具体运作，具有根据具体溢油情况制定溢油应急计划的能力，能够在溢油危机发生时熟练指挥协调整个应急系统及时发挥作用。专业处置人员需要提高应急救援队伍的整体质量，熟练掌握应急防范操作程序，掌握应急救援设备器材的操作使用，增强海上溢油事故应对能力。为了学习国外的先进经验，我们可以定期组织专业人才到美国、加拿大、日本等国家考察培训，学习这些国家在海上溢油应急管理上的先进的理念、成熟的机制、完善的技术等，在结合我国国情的基础上，进行再创造，建立适合我国的海上溢油应急管理机制。定期组织一定规模的海上溢油应急演习。演习可以是国家性的，也可以是区域性的，既可以是整个溢油体系的演习，也可以是针对某个薄弱环节的演习。演习可以检验整个应急预案、在海洋中，受周围客观环境影响较大，风力、海浪、天气等都会影响应急效果，因此应急演习必须根据这些天气变化做出有针对性的练习。另外，还可以与其他国家开展联合演习，通过演习不但可以学习他们在溢油应急中的先进技术和经验，而且可以与周边国家开展合作，以便在公共海域发生溢油事件时能共同应对（王燕，2013）[46]。

加强专业溢油应急队伍的构建。溢油事件的发生具有突然性，但溢油应急队伍的建设和发展应具有持续性和稳定性。加强专业应急队伍建设、构建应急人员培训机制至关重要。专业溢油应急队伍的发展一是要通过日常的溢油应急知识培训，增强应急人员的反应能力；二是每年定期组织专门的溢油知识培训，使应急人员掌握更多的相关知识，例如邀请高等院校或相关科研机构溢油清污方面的专家进行指导;三是定期与社会专业溢油应急公司开展相应的演练,以强化应急反应能力。

加强涉海企业溢油应急力量的组建。相关法规中要明确规定每一个石油公司每年要完成的培训计划,对从事海上石油作业的人员进行培训,培训内容主要是海上石油开采安全作业的技能、预防溢油事故的技能以及清污的方法。涉海企业处于海洋开发和生产的第一线,同样处在预防溢油等生产事故的第一线,所以,建立一支以企业员工为主的应急力量就非常有必要。例如中海油、中石油等公司应该着力在基层公司选拔一部分负责生产管理、安全环保的一线职工组成应急救援队伍,并编制应急预案(处置),提高基层单位溢油事故的初期处置能力。

加强专家型团队力量的组建。溢油应急响应是一个复杂的系统工程,需要提供专业的技术支持,如环境科学、信息科学、医疗服务等。这就要求我们要提前组建一支涵盖海洋环境生态、环境评价与检测、地质工程、医学、信息等门类的专家型队伍,这样才能在溢油事故发生时尽快地发挥出专家的作用,保证在关键时刻能够为应急指挥中心提供有效的建议和对策(李克辉,2015)[39-40]。

6.2 财力资源与赔偿机制建设

财力资源是调动外部或间接资源的总枢纽,能够扩展应急资源的范围和种类,是影响应急决策自由度的重要因素。财力资源是物资资源发挥效能的有益补充,也是人力资源和信息资源的重要保障。财力资源按照资金来源分为财政预算、专项拨款、应急保险和企业资金等(曹巍 等,2016)[33]。面对渤海溢油事件,法律如何保障受害者得到公正、及时、充分的救济与赔偿,已经成为社会普遍关注的问题。如何完善我国海洋污染损害赔偿领域的法律规范、建立相关救济制度,从而满足受害者权益保护的要求,是值得我们深思的。如果缺乏资金的支持,清污和赔偿问题就得不到及时、有效的解决。建议借鉴国外的成功经验,制定一套适合中国国情的赔偿机制,包括以下三项内容(赵婧华 等,2011):① 建立中国海上油污保险体系:依据《国际油污损害民事责任公约》以及《海洋环境保护法》《中华人民共和国防止船舶污染海域管理条例》等国内立法的相关规定,目前我国仅对载运量在 2 000 t 以上的国际航行油轮实行强制保险。对于石油开采项目的审批,也应当以持有《油污损害民事责任保险或其他财务保证书》为前提条件,落实海洋油气矿产资源勘探开发污染损害民事责任保险制度。② 建立中国海上油污损害赔偿基金体系:在油污损害赔偿制度方面,加拿大采取了国际与国内双机制共同运行的模式。两套机制的同时运转使受害方获得充分的补偿,可算作最完善的油污损害赔偿机制。我国可以通过建立国内油污损害赔偿基金作为油污保险制度的补充,以保证潜在受害者的合法权益。对于合作开采海上石油的项目,可要求双方分别承担投保或提供财物保证和建立赔偿基金的义务。③ 建立中国海上油污损害赔偿法律体系。应进一步完善我国相关海洋污染索赔法律制度,指定相关国家机构负责此类事故中的索赔相关事宜,如损害范围的确定,并建立和完善环境公益诉讼制度,形成多元化的救济制度。建立赔偿机制可从根本上解除中国目前溢油损害赔偿困境,并能促进溢油应急处理能力的发展。

6.3 物资资源配备与调配机制

物资资源是指以物质实体形态存在的资源。对重大海上溢油应急物资资源的分类需要充分考虑分类的实用性,方便物资的应急调配。综合考虑物资的专有功能及调配的紧急程度,可将物资资源分为基础设施、处置物资和技术装备三个子类,每个子类下设定若干细目。基础设施是重大海上溢油应急处置的前提条件。基础设施主要包括码头、应急通道、场站等。处置物资主要是对污染的控制、回收及清除的相关物资设备,主要包括监视监测设备、污染控制设备、污油回收清除物资等。技术装备除收油机、围油栏等专业应急设备外,还需要其他后勤物资的配套方能完成应急任务,主要包括通信设备,存储转运设备(车、船)及其他辅助装备(如起重设备、交通运输设备、防护用品)(曹魏 等,2016)[34]。

6.3.1 应急物资配备原则

理论上应急物资资源的配置是以所有撇油器收油能力相加来量化的。实际的收油能力还应加上人力资源、基础设备、培训水平、应急计划、支持系统、通信和协调系统等因素。应急资源以项目风险等级而配置。项目风险等级包括发生概率,掌控事故的能力和事故的严重程度。在量化应急资源能力需求后,应考虑适用性和效率。根据沿海基地建设的实践,进行区域资源配置必须考虑横向和纵向两方面,即同一层级的资源共享和不同层级的资源安排。但是作业者自有应急资源是按照项目风险等级配置的,无须考虑整个海域的资源需求。作业者对自有项目溢油风险等级的评估方式各有不同,特别是海外注册的作业者,源自母公司的一套评估方法而进行的资源配置未必符合该海域的实际需求,应结合当地实际情况进行调整(张兆康 等,2008)。

海上油田企业溢油应急物资配置工作的内容主要包括应急物资的种类、类型、数量及储备方式的确定。海上溢油应急物资包括清污设备、堵漏设备和辅助设备设施。其中清污设备包括溢油围控设备、机械回收设备、应急卸载设备、溢油分散剂、吸油材料、储运设备等。辅助设备设施包括飞机、船舶、车辆、岸线清污设备等。海上溢油应急设备及物资的类型应根据不同企业的实际情况选择,比如,溢油围控设备主要选择适合海洋使用的海洋型充气式围油栏,根据主要油种和水域特点,配置一定数量的防火型围油栏;机械回收设备主要选择大、中型收油机,所配收油机的种类应与油品的种类相适应;敏感水域(如水产养殖区、自然保护区、盐场附近)考虑配备环保消油剂。溢油应急物资配置的数量应该根据企业的生产特点、生产规模和溢油风险等综合因素来确定,每种应急设备或物资的数量及总能力应有确定的计算依据,比如,在《国家船舶溢油应急设备库设备配备管理规定》中,围油栏的储备长度、收油机的数量和总收油速率、应急卸载泵的数量和总卸载速率、溢油分散剂和吸油材料的数量都有确定的计算公式或依据,海上油田企业的溢油应急物资的储备数量也应有适合自身特点的计算标准或依据。溢油应急物资的储备会受到物资成本、采购难易程度、物资储存寿命和物资仓储要求等综合因素的影响(丁斌 等,2010)。在配置溢油应急物资时,应根据应急物资的储存特点、市场供应情况及企业自身的需求,本着"实物储备、商业储备、社会储备与专业储备相结合"的原则,对于成本高、采购难度大的大型设备可以依据社会资源,与相关机构或单位签订应急救援互助协议,或者由企业购置;对于那些成本低、易采购、生产厂商较多的物资可以采用商业储备的方式,与生产厂商签订紧急供货协议;对于那些需要专门的技术手段和专业技术人才进行处置的环节,应根据自身的生产能力实现专业储备,如建立专业的救援队伍或聘请专家。

建议参考《港口码头溢油应急设备配备要求》制定《海上油田溢油应急设备配备要求》,规定油田各类生产设施的等级划分、溢油应急设备的配备原则、配备数量和种类、配备基本要求以及管理要求等。这样,沿海溢油应急基地以及海上油田企业才能做到有章可循,有标准可依,科学、合理、有效地配置溢油应急的设备设施和材料等物资。

6.3.2 应急物资调配机制

当前各类溢油应急资源分布于不同的部委（交通运输部、环境保护部、国家海洋局等），不同属性（国家部委、石油企业、港口码头企业、专业污染清除单位等），不同级别（国家级、省级、市级、县级）的部门或机构中，由交通运输部牵头处置重大海上溢油应急工作时，最大的困难是实现各类应急资源的协调调配，跨部门、跨行业调配。在体系庞大、结构复杂的应急资源配置现状下，调配机制的建立是应急管理工作的重中之重（姜瑶 等，2016）。

应急资源调配是指应急响应启动以后，对应急资源的协调过程，是应急处置流程中的一个过程（姜瑶 等，2014）。首先，由现场指挥部向综合指挥部提出应急资源调配的请求；综合指挥部接到请求后，判断需要调哪些资源，并通过信息系统查找这些资源的所在地、归属的部门；进而，联系资源归属的部门，制定调配方案，并要求调配应急资源；将资源调至事发地，由现场指挥部进行现场的分派；待应急资源投入应急处置行动中后，现场指挥部需要对应急资源的使用情况进行反馈，并判断应急资源是否足够，若不够，再次提出对应急资源的需求，若足够，则结束调配，具体流程见图 6-1。

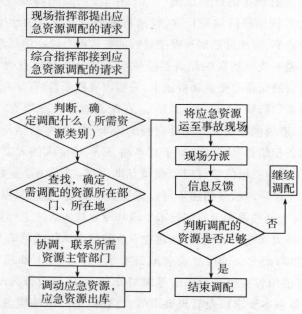

图 6-1　重大海上溢油应急资源调配流程

当确定应急资源该调哪些、调多少之后,需要综合应急协调指挥机构对应急资源归管于哪些部门、存放的地点等进行查询,以便联系相关部门调配资源。为了快速获得需要的应急资源信息,需要建立应急资源信息化管理机制。对于重大海上溢油应急来说,应急资源信息化管理机制包含以下两方面:① 根据重大海上溢油应急资源分类管理导则,建立统一的分类方法,以便不同的部门应急资源的统计口径相一致。② 为重大海上溢油应急资源数据库建立更新机制,以便实现应急资源的快速查找(姜瑶 等,2018)。

6.3.3 渤海海域溢油应急资源现状

6.3.3.1 专业应急机构

(1)中海石油环保服务有限公司。中海石油环保服务有限公司是我国环渤海地区最主要的从事海洋石油设施溢油应急服务的专业机构,该公司成立于2003年1月,是我国首家按国际标准运作的溢油应急专业化公司,其在环渤海地区所建立的溢油救援基地主要有塘沽基地(2003年建设)、龙口基地(2005年建设)、绥中基地(2006年建设)。综合考虑各种客观条件的影响,可近似将各应急救援基地的覆盖范围分为全应急救助(2小时覆盖区)、有效应急救助(4小时覆盖区)和弱有效应急救助(6小时覆盖区)三个区域。目前,中海石油环保服务有限公司在渤海海域海上针对石油设施的溢油应急救助能力不能满足该海域的需求。其应急救助服务不能覆盖整个渤海海域,对部分溢油高风险区难以开展有效地应急救助工作。目前,国内外用于溢油应急处理的设备和物资主要有环保船、围油栏、撇油器、消油剂喷洒设备、临时存储装置、吸油毛毡、消油剂等。中海石油环保服务有限公司在渤海海域针对海洋石油设施溢油处理设备和物资的配备情况如下(李云斌,2017):① 环保船。主要用于搭载海洋石油设施的溢油处理设备和物资,当海上出现溢油状况时,环保船会及时、迅速地赶往溢油事故地,先用围油栏将溢油区的溢油围起来,随后再将溢油抽上来,随后再输入抽油泵,最后暂存到仓库中,到岸上再进行处理。中海石油环保服务有限公司共有环保船5艘,其中2艘专用于渤海湾溢油应急救助服务,其溢油回收能力如表6-1所示。② 围油栏。当在海面或水面发生溢油事故时,围油栏主要作用是限制油层、防止溢油扩散,便于溢油清除的工作。围油栏的四种形式分别是充气式、固体浮子式、沙滩和防火围油栏,主要分布在沿海应急库、海上平台及中下游码头当中。目前,中海石油环保服务有限公司在环渤海地区各基地的围油栏总计有25 800 m,主要是固体浮子式以及防火围油栏。围油栏在各基地的配备情况如表6-2所示。③ 撇油器及其他设备物资。撇油器又称为除油机,是一种从海洋表面清除油但不改变油的物化性能的机械装置。该设备广泛分布在沿海应急基地、海上平台、中下游码头等地。中海石油环保服务有限公司各基地撇油器的配备情况如表 6-3 所示。其他溢油回收设备及物资还主要有喷洒装置、吸油毡、吸油托栏等。

表 6-1　中海石油环保服务有限公司渤海湾环保船现状

船名	主尺度	回收舱/m³	收油能力/(m³·h⁻¹)	喷洒能力/(m³·h⁻¹)	服务区域	建成日期
海洋石油252	总长 68.05 m,型宽 16.00 m,型深 6.75 m,总吨 2 270,功率 4 400 kW	550	200	15	渤海湾	2010.6.17
海洋石油253	总长 68.05 m,型宽 16.00 m,型深 6.75 m,总吨 2 270,功率 4 400 kW	550	200	15	渤海湾	2010.7.26

表 6-2　中海石油环保服务有限公司溢油救援基地围油栏的配备情况 /m

地点	充气式	固体浮子	沙滩	防火	小计
塘沽基地	2 000	5 200	2 400	400	10 000
绥中基地	800	1 000	800	400	3 000
龙口基地	800	1 200	400	400	2 800
合计	3 600	7 400	3 600	1 200	25 800

表 6-3　中海石油环保服务有限公司撇油器的配备情况

地点	数量	总回收能力/(m³·h⁻¹)
塘沽基地	14	674
绥中基地	4	162
龙口基地	3	90
合计	21	926

（2）中国石油海上应急救援响应中心。为了更好地抓好海洋石油安全环保工作,中石油于 2006 年 12 月 10 日正式成立了中国石油海上应急救援响应中心（以下简称应急中心）。应急中心是集团公司应急管理的重要组成部分,业务归中国石油股份有限公司质量安全环保部管理。应急中心由中心机关（下设综合管理科、运行协调科、技术培训科、物资装备科）和基层单位（曹妃甸救援站、塘沽救援站、营口救援站和船舶服务队）组成,应急中心的三个救援站和船舶服务队配备了消防、溢油回收、救助遇难船舶及人员设备,是集团公司海上应急救援的主力。海上作业事故的应急救援包括海上人员的救助与撤离、火灾扑救、溢油回收、海上遇难船舶的救助等工作,并实施监督检查;负责协调社会应急救援力量;负责海上应急救援预案及行动指南的编制、修订和演练;按照国家有关规定,有责任承担海上应急救援工作。曹妃甸救援站负责冀东油区海上溢油处置、岸滩溢油处置、海上消防、海上救生。营口救援站负责辽河油区海上溢油处置、岸滩溢油处置、海上消防、海上救生。塘沽救援站负责大港油区海上溢油处置、岸滩溢油处置、海上消防、海上救生。应急中心各救援站根据人员情况,成立两至三个应急分队,其中一个分队的任务包括后勤保障、通信、24 小时值班,以应对随时可能发生的紧急情况,其他分队作为预备力量。表 6-4 至表 6-6 分别为应急中心曹妃甸、塘沽和营口救援站的溢油应急装备情况。

表 6-4　曹妃甸救援站物资装备信息表

编号	物资名称	物资类型	规格型号	数量	产地	备注
1	LPP90 机组	动力机组	Lpp90	1 台	芬兰	
2	LPP25 机组		Lpp25D/S25	2 台	芬兰	
3	LPP230 机组		Lpp25D/S30	1 台	芬兰	
4	LPP6HA 机组		Lpp6HA/C75	2 台	芬兰	
5	MM12 收油机	收油设备	Minima * 12	2 台	芬兰	
6	MM30 收油机		Minima * 30	2 台	芬兰	
7	多功能收油机		LMS/P DWD	1 台	芬兰	
8	岩石收油机		Rockc Leaner	2 台	芬兰	
9	光明橡胶围油栏			1 套	青岛	充气机 2 台
10	固体浮子式围油栏		FOB900	400 m	芬兰	

续表

编号	物资名称	物资类型	规格型号	数量	产地	备注
11	高压清洗剂		HDS1000DE	3 台		
12	消油剂喷洒装置			2 套		
13	QG5 轻型储油罐		QG5	4 个		
14	QG10 轻型储油罐		QG10	4 个		
15	吸油毡	溢油配套	PP-吸油毡	2 t		
16	消油剂		1 号常规型	2 t		
17	浮动油囊		FN15	4 个		
18	浮动油囊		FN10	4 个		
19	吸油枕填充料			40 个		
20	吸油枕			100 个		
21	空气呼吸器		BD2100	20 套		
22	消防灭火防护服			15 个		
23	消防避火服			4 个		
24	黄色消防头盔	消防设备		15 顶		
25	消防指挥服			6 套		
26	白色指挥服头盔			6 顶		
27	防毒面具		Advantage3220	30 个		
28	防化护目镜			30 个		

编号	物资名称	物资类型	规格型号	数量	产地	备注
29	便携式多气体探测仪		8222003 MSA	3 个		
30	单一气体检测仪		8241002 MSA	3 个		
31	测温仪			6 个		
32	机动消防泵		BJ18S	3 台		
33	泡沫发生器			2 个		
34	开花水枪		高邮 65	8 个		
35	直流水枪			10 个		
36	全密封防化服			9 个		
37	水龙带		13-65-20	160 米		
38	救生抛投器		PTQ-20-05	3 套		
39	保暖救生衣		RSF-2	149 套		
40	普通救生衣	消防设备	FTC-98-11	76 个		
41	救生圈			32 个		
42	消防靴单			24 双		
43	消防靴棉			24 双		
44	太平斧			6 把		
45	消防钩			7 个		
46	无火花工具			8 套		
47	多功能救生担架			9 套		
48	应急照明灯		FW6100GF	1 个		
49	应急照明灯		BW3200A	1 个		
60	救助吊带			20 根		
51	消防安全带			40 根		
52	应急照明灯		RJW7100	16 台		
53	叉车	特种设备	CPCD100	1 台	安徽	

表 6-5　塘沽救援站物资装备信息表

编号	物资名称	物资类型	规格型号	数量	产地	备注
1	LPP90 机组	动力机组	Lpp90	1 台	芬兰	
2	LPP25 机组		Lpp25D/S25	1 台	芬兰	
3	LPP6HA 机组		Lpp6HA/C75	1 台	芬兰	
4	岸滩围油栏	收油设备		200 m	芬兰	配锚 4 个
5	M12 收油机		Minima * 12	1 台	芬兰	
6	M30 收油机		Minima * 30	1 台	芬兰	
7	多功能收油机		LMS/P DWD	1 台	芬兰	
8	岩石收油机		Rockc Leaner	1 台	芬兰	
9	光明橡胶围油栏			200 m	青岛	充气机 2 台
10	固体浮子或围油栏		FOB900	400 m	芬兰	配锚 10 个
11	高压清洗剂	溢油配套	HDS1000DE	1 台	芬兰	
12	消油剂喷洒装置			1 套	芬兰	
13	QG5 轻型储油罐		QG5	3 个	温州	
14	QG10 轻型储油罐		QG10	3 个	温州	
15	吸油毡		PP-吸油毡	50 包	福州	
16	消油剂		1 号常规型	6 桶	大连	
17	浮动油囊		FN10	6 个	温州	
18	空气呼吸器	消防设备	BD2100	10 套	美国	
19	消防灭火防护服			15 套	泰州	
20	消防避火服			3 套	泰州	
21	防毒面具		Advantage3220	30 个	美国	
22	防化护目镜			30 个	美国	
23	便携式多气体探测仪		8222003 MSA	3 台	美国	
24	单一气体检测仪		8241002 MSA	3 台	美国	
25	机动消防泵		BJ18S	3 台	泰州	
26	泡沫发生器			2 台	泰州	
27	开花直流水枪		高邮 65	11 个	江苏	
28	全密封防化服			5 套	美国	

编号	物资名称	物资类型	规格型号	数量	产地	备注
29	水龙带		13-65-20	200 米	江苏	
30	救生抛投器		PTQ-20-05	4 套	泰州	
31	保暖救生衣		RSF-2	50 套	嘉兴	
32	普通救生衣	消防设备	FTC-98-11	35 套	江苏	
33	救生圈			25 个	泰州	
34	应急照明灯		FW6100GF	1 台	深圳	
35	应急照明灯		BW3200A	1 台	深圳	
36	应急照明灯		RJW7100	6 台	深圳	
37	叉车	特种设备	CPCD100	1 台	安徽	

表 6-6　营口救援站物资装备信息表

编号	物资名称	物资类型	规格型号	数量	产地	备注
1	围油栏动力站		FOB900	1 台	芬兰	
2	LPP90 动力机组		LPP90	1 台	芬兰	
3	LPP-7/HA 动力机组	动力机组	LPP-7/ha	1 台	芬兰	
4	LPP-6/HA 动力机组		Lpp6HA/C75	1 台	芬兰	
5	围油栏动力站		PK2175C	1 台	青岛	
6	消防泵		BJ18S	3 台	国产	
7	沙滩围油栏			200 m	芬兰	
8	MM12 岩石收油机		minma.12	2 台	芬兰	
9	充气式橡胶围油栏	收油设备	QW1500	200 m	青岛	
10	多功能收油机		lms/pdwd	1 套	芬兰	
11	HDS 高压冲洗机		hds1000de	1 台	芬兰	
12	固体浮子式围油栏		FOB900	400 m	芬兰	
13	阻燃服		BD2100	5 套	国产	
14	避火服			3 套	国产	
15	A 级防火服	消防设备		6 套	国产	
16	灭火防火服			15 套	国产	

续表

编号	物资名称	物资类型	规格型号	数量	产地	备注
17	水龙带		13-65-2d	200 m	国产	
18	充气泵			1 台	国产	
19	开花水枪		高邮 65	6 台	国产	
20	直流水枪			5 台	国产	
21	移动式泡沫灭火装置			2 台	国产	
22	二氧化碳灭火器			20 个	国产	
23	干粉灭火器			10 个	国产	
24	防火服			1 套	国产	
25	空气压缩机	消防设备		1 台	国产	
26	空气呼吸器			10 套	国产	
27	应急照明灯光（大）		FW6100GF	1 台	国产	
28	应急照明灯光（小）		BW3200A	1 台	国产	
29	灭火防护靴（单）			15 双	国产	
30	灭火防护靴（棉）			15 双	国产	
31	消防手套			15 双	国产	
32	消防头盔			15 双	国产	
33	全密封式防化靴			5 双	国产	
34	多种有害气体检测仪			3 个	国产	
35	普通救生衣		FTC-98-11	25 件	国产	
36	救生圈	救生设备		25 个	国产	
37	保暖救生衣		RSF-2	50 件	国产	
38	救生抛投器		PTQ-2D-D5	4 套	国产	
39	侧挂式收油机			1 台	芬兰	
40	LPP90 动力机组	中油海 202 船上设备	LPP90	1 台	芬兰	
41	LPP25 动力机组		LPP25D/S25	1 台	芬兰	
42	MM30 刷式收油机		MIMMIN.30	1 台	芬兰	

续表

编号	物资名称	物资类型	规格型号	数量	产地	备注
43	充气式 HDB 橡胶围油栏	中油海 202 船上设备		200 m	芬兰劳模	
44	叉车		CPCD100	1 台	安徽合力	

渤海海域其他溢油回收设备及物资的配备情况如表 6-7 所示。渤海海区目前的应急能力不能满足需求,应急基地建设和应急救援设备、物资的配备应及时推进。

表 6-7　溢油回收设备及物资

所属单位	喷洒装置		吸油毛毡/t	吸油拖栏/m	清洗机/套	储油罐		消油剂/t
	套	总喷洒能力/$(m^3 \cdot h^{-1})$				套	总容积/m^3	
天津分公司	12	46.6	0	0	0	47	381	30.65
环保公司	8	52.8	3	7 680	7	42	1 056	16
炼化公司(东营)	2	1	6	0	0	8	80	5
油气利用(营口)	0	0	2.1	0	0	0	0	0.25

6.3.3.2 石油开发作业者

渤海区石油开发作业者根据开发平台或者人工岛的产能、储存空间、船舶情况等配备溢油应急物资。常见配备的物资有便携式收油机、围油栏、吸油毡、消油剂、喷洒装置等。这些应急物资分布在渤海海区的人工岛、钻井平台、巡航船舶以及陆岸终端等处所。中石化为保证埕岛油田勘探开发建设的安全与环保,在胜利油田组建了具备处置中型溢油应急响应能力的海洋应急中心;中石油在渤海三家油田分公司已具备自行处置小型溢油事故的能力。

6.3.3.3 政府溢油应急力量

根据《国家水上交通安全监管和救助系统布局规划(2005—2020)》,目前在深圳、烟台、湛江、扬州、珠海、秦皇岛、天津、青岛、大连、宁波、珠江口等地已建或者拟建立处理能力达到 1 000 t 溢油的应急中心。依据国家原油运输网络布置以及敏感区域的分布,2020 年在沿海建设 16 个国家船舶溢油应急设备库。此外我国政府已经先后在烟台和秦皇岛两地设立了两个国家级的溢油应急管理设备贮备库和相应的应急管理技术交流中心。其他各类部门应急救援资源梳理如下:① 生态环境部系统陆上溢油监视系统及各类陆上溢油应急设备及救援力量。② 国家海洋局海上溢油监视监测系统。③ 海事局溢油救援及处置设备。④ 其他政府部门的人员和救援设备。⑤ 海军、空军的监测、救援设备。

6.4 信息资源

信息资源是突发事件相关信息及其传播途径、媒介、载体的总称。由于重大海上溢油应急处置的复杂性,信息资源在应急处置中发挥着主导作用。信息资源的及时、客观、准确直接关系到重大海上溢油应急处置的效率,是影响重大海上溢油应急处置的重要因素。重大海上溢油应急资源中的信息资源包括事态信息、环境信息、资源储备信息、知识及经验四个子类(曹魏 等,2016)[34]。① 事态信息:包括事发时间、事发位置、溢油量、油品信息、事态进展信息、油污扩散信息、实时监测信息等。② 环境信息:包括事发海域的气象条件、海况、事发区域周边环境敏感资源分布、政治敏感区域等对应急指挥决策有重要影响的辅助决策信息。③ 资源储备信息:指应急处置需调配的资源的分布位置、数量、规格、所属单位等。④ 知识及经验:包括相关政策规定、行业积累的溢油污染应急处置经验等。

6.5 技术资源

重大海上溢油事故具有时变性和复杂性,因此处理这类事故要及时、有效地调配资源。这个过程中的技术保障包括敏感资源保护、事故分析与评估、大气环境与水资源环境监测、平台堵漏/防止污染物扩散技术、医疗卫生知识、应急通信、政策法律规定等方面。按照应急过程,将重大海上溢油应急技术资源分为预警监测技术、溢油预测模拟技术、决策支持技术、溢油处置技术。随着信息科技的发展,许多国家依靠高科技,在海洋开发领域纷纷投资建设信息化监视和管理平台,保障海洋开发生产过程的安全和环保。监视监控平台让管理更加科学、准确、方便、直观,提高了管理和决策的时效性和准确性,可以降低溢油事故风险。渤海石油平台海域环境污染在线监控预警及应急技术的发展对溢油污染事故可以起到预警作用,提高监管能力与效率。雷达溢油监测技术、溢油漂移扩散模拟技术、溢油量估算技术、溢油应急辅助决策支持技术等科技手段急需发展。很多学者已经开展了很多相关方面的工作。

6.5.1 预警监测技术

6.5.1.1 预警关键技术的发展

监视监测的技术主要包括:① 船只监测,许多国家巡航值勤监视海域;② 遥感监测,许多国家利用雷达卫星如 ERS-1、ERS-2、Radarsat-1 和 JERS-1 进行海上溢油的监测;③ 航空遥感监测,因其灵活、方便的特点在溢油应急处理过程中起到重要作用。④ 浮标监测,它自 80 年代开始成为一些国家海洋监测的常规手段。

遥感监测技术已成为监测海上溢油的重要手段,其数据资源覆盖度好,技术成熟,在溢油应急管理工作中能够提供快速、高效的科学支持。1969 年,美国首次使用机载可见光扫描仪对井喷引起的油污染进行了监测,取得较好的效果(丁倩,2000);李栖筠等(1994)结合 Landsat(陆地卫星)和 NOAA(诺阿卫星)卫星精度和时相的优势,从影像中提取了老铁山水道溢油污染面积、扩散方向和扩散速度信息;Hodgins 等(1996)对纳霍德卡和米尔福德港溢油的 Radarsat(雷达卫星)影像数据进行分类,识别出不同厚度油膜并计算得到相应的面积;Lopez-Pena 等(2004)利用西班牙科技部研制的多传感器系统,获取了水面油膜位置、特征参数以及动态轨迹等信息;Klemas(2012)利用遥感卫星获取溢油信息,结合海洋的风、流等信息来跟踪和监视油膜的变化情况。随着遥感传感器的发展、航天及航空平台的出现,遥感溢油监测的方法不断推陈出新,遥感在溢油监测中发挥着越来越重要的作用。从遥感获取溢油信息的结果来说,早期遥感溢油监测只是对溢油信息的定性描述和相对位置的确定,伴随遥感技术的不断发展,对遥感能够监测溢油信息的要求不断提高,监测内容包括油污种类的判别、油污扩散面积和厚度的获取、溢油量的估算、结合其他数据的溢油动态分析预测等。从遥感获取溢油信息的手段来看,紫外遥感、高光谱遥感和偏振遥感溢油监测研究逐渐受到关注。紫外遥感具有识别溢油及确定溢油边界的优势;高光谱遥感在定量化监测油膜种类、面积及溢油量方面具有较大的潜力,有效弥补了现有传感器的不足;而偏振遥感则是近年来备受关注的一种新兴的对地观测方法,这些都能为我们的溢油遥感监测研究提供更多的技术手段和方法突破(苏伟光,2008)。

20世纪80年代以来,国内外的遥感监测技术及其应用得到较大发展,卫星遥感、航空遥感及其他遥感技术已能广泛适应于高、中、低分辨率成像;搭载平台也趋于稳定、独立和完整;不同类型的溢油遥感监测系统具有不同的特点。目前,我国在应用卫星遥感、机载红外/紫外遥感、机载雷达、航海雷达等遥感技术对溢油进行监测方面开展了大量研究和实践,取得了一系列成果。近年来,我国在遥感图像处理、分析和油膜漂移扩散预测分析方面取得了长足发展,成功解决了油膜定位、面积估算和走势预测分析等关键问题。在许多重大溢油事故应急响应中,溢油遥感监测技术都发挥了重要作用,增强了应急决策的针对性和有效性,减少了盲目行为,进一步提高了反应效率,有效减轻了油污染损害程度(石敬,2012)[12-13]。

环渤海地区已具备多个具有海上溢油遥感监测能力的单位。渤海海域遥感监测体系建设中具有海上溢油监测能力的权威性机构,包括政府机构和科研院所等,如海事系统、海洋局及其下属单位、大连海事大学。大连海事大学先后采用Landsat系列卫星、NOAA系列卫星、风云1号卫星、Radarsat卫星、环境小卫星等为各地方海事局对海上溢油事故成功监测20余次。国家海洋环境监测中心负责组织和管理我国渤海海域海洋环境监测业务,具有丰富的海洋环境监测和应急监测/检测方面的经验、技术人员和基础设备。烟台溢油应急技术中心是全国海事系统唯一的从事船舶污染控制技术研究、为船舶污染防治和行政执法提供技术支持,并参加溢油应急行动的专业机构。烟台溢油应急技术中心成立于2006年,隶属于山东海事局,职责是组织开展溢油应急反应、监视监测和管理技术的跟踪、开发与应用研究工作,起草溢油应急相关技术标准、指南;管理维护烟台溢油应急设备库,参与山东乃至北方海区溢油应急行动,并为全国溢油应急行动提供技术支持;开展海上污染源鉴定、污染物监测和污染损害评估等工作。目前,秦皇岛、大连、天津和烟台建立了CCTV系统,其中,天津、秦皇岛、大连均在港区设立了一个监控点,烟台港设立了三个监控点(东港区、三港区和烟台山),应用情况良好。烟台海事局配备"海巡061""海巡0601""海巡0602""海巡0603""海巡0605""海巡0606""海巡0607""海特0601""海特0602"巡逻船。其中,"海巡061"装备一部型号为AR771VA的ARPA雷达,最大量程64n mile,功率6 kW,工作在X波段;一部JRC船用雷达,型号为JMA-2344,输出功率6 kW,最大量程64n mile,天线束宽水平2°、垂直束宽30°,转速48 RPM,频率9 410MHz,脉冲宽度为0.08 μs/2 250 Hz。"海巡0601"装备一部型号为ZRC2344的ARPA雷达,量程64n mile,功率6 kW,一部FUURN0雷达,最大量程 45n mile，功率 4 kW；其他船舶均装备一部小型 ARAP 雷达，最大量程 45n mile，功率 4 kW。辽宁海事局配备"海巡 021""海巡 0201"一等六艘巡逻船舶。营口海事局配备巡逻船舶六艘。天津海事局配备巡逻船舶五艘，船舶装备雷达与烟台海事局的基本相同（石敬，2012）[31—35]。

溢油量的估算是海上溢油事故影响与损失评价中重要的技术之一，溢油量的估算常用油量平衡法、油色目测法、遥感测油法以及激光技术测油法。在溢油量固定的情况下，溢油进入海洋后，在重力、风浪的作用下会不断扩散，油膜的面积不断扩大，油膜的厚度不断减小，油膜的厚度差异显著。理论上，只要知道溢油的密度、面积和厚度就可准确计算出溢油量。一般来说，尽管溢油进入海洋后会发生蒸发、溶解、乳化等，造成溢油的密度有所变化，但一般可以根据溢油油品的特征获得溢油的密度，因此，确定溢油油膜的厚度和面积是计算溢油量的关键。通过遥感技术核算溢油面积方面，各类遥感技术的原理相似，方法比较成熟。某一时刻油污的扩散面积采用计算栅格数据面元面积的方法计算得到，但由于受遥感测定精度的影响，不同遥感技术计算的面积可能会有较大的差异。利用遥感资料计算溢油油膜的面积和厚度之所以会产生较大的误差，是因为对油膜的波谱特征的了解不够深入，没有选择合适波段的波谱。虽然众多学者对溢油油膜的波谱特征进行了研究，如我国的赵冬至、丛丕福等对不同厚度的辽河原油、柴油和润滑油油膜的可见光近红外波段地物光谱特征曲线进行了研究（赵冬至 等，2000）；美国的 Herndon（2006）对不同厚度的中东石油油膜的可见光光谱特征进行了研究，但这些研究都是对少数的特定油品进行的，缺乏系统性，仍需对溢油油膜的波谱特征做大量的工作。

雷达技术是溢油监测的主要方式，发达国家利用卫星 SAR 和 ROSS 雷达溢油监视系统进行溢油监视，掌握溢油的位置、数量、油膜的面积和动向，预告油膜未来到达的区域。雷达技术的溢油监测监视系统已在国内港口和码头安装使用，在海事、安防和远海石油作业等方面发挥监视监控作用。例如，在工作船和钻井平台上安装经过特殊改造的海事雷达，实现覆盖整个开发区块海域的 24 小时实物精细连续监视，并通过数据通信链路传送到陆地上的监控中心，叠加于数字海图系统，可以及时发现海上漂浮的溢油，可以采集得到整个区域连续的高精度实测水文信息（流场、波谱、潮汐和水深），并可以实时、准确地观测溢油的发生、发展，核算面积，掌握溢油扩散飘移的方向、速度和距离，为应急人员提供技术支持，减少溢油对海洋环境的影响和损失。目前获取监测数据的方式较多，需要建立各种监测数据对比合成的系统，依据客观数据进行溢油预警、估算溢油量并做出应急决策响应，实现智能化、可视化、科学化。

锚泊浮标的研制开始于第二次世界大战之后,到了 20 世纪 70 年代达到可以业务使用的程度,20 世纪 80 年代成为一些国家海洋监测的常规手段,其技术也趋于成熟。ARGOS 服务部统计结果显示,全球通过 ARGOS 定位或传输数据的锚泊浮标已超过 350 个。另外,还有大量的、各种性质的专业浮标,如 ADCP 浮标、波浪(含波向)浮标、海冰浮标、温盐链浮标、潮位测量浮标、大气监测浮标等。1985 年至今是我国浮标发展的黄金时代,我国先后研制出了 FZF2-1 型(后发展为 FZF2-2 型、FZF2-3 型、FZF3-1 型)、FZS1-1 型、FZS2-1 型(后发展为 FZF2-3 型)浮标。除 FZS1-1 型浮标为 3 m 圆盘形浮标外,其余均为 10 m 圆盘形浮标。

6.5.1.2 预警系统的构建

我国在遥感技术的发展和应用经验已经可以支持渤海海区建立溢油应急遥感监测体系。可以从以下三个方面构建渤海海区的预警监测系统。① 雷达监视溢油监测系统:雷达溢油监测技术具有全天候、全天时的特点,受天气等情况的影响较小,在溢油监测领域应用的可靠性、科学性已经得到国内外相关专业领域的认可。在现代的溢油事故响应作业中,在海上或陆地的监视控制中心对油污进行远程监视监测是整个溢油应急响应过程中的十分重要的环节。而通过航空或卫星监测传感器,只能提供短时间的数据,而且昂贵。溢油发生后,可以通过使用一架带有机侧扫描的空中雷达(SLAR)的监测飞机,或者通过一个带有综合径向雷达的卫星来对溢油漂流进行初步定位并初步确定油污面积、范围。如果在白天,可以用肉眼对油污进行观察,操作人员采用视觉评估就可以确定油污作业区域。在夜里并且无视觉障碍物时,除了使用跟踪浮标或根据当地气象预报,使用空中红外设备也可以执行这项任务。但是,当使用飞机执行任务时,飞机必须要按时返回加油、休整,并受天气状况和海况等多种因素影响,有时无法进行空中监测。如果在海洋石油平台以及溢油清除作业船舶上安装雷达监视溢油,则可以实现连续、可靠地提供足够的溢油远距离传感信息,如随时提供油污在海上的精确位置、油污的范围和面积等精确数据,这些数据在确保机械除油作业设备或化学扩散剂的喷洒设备在第一时间和有效的地点进行除油作业过程中起着至关重要的作用,从而为更好地完成海上溢油清除响应作业奠定基础。石油平台上安装的雷达溢油监测系统主要由位于海洋石油平台上的主控单元和位于陆地的远程数据处理中心的监控单元组成,其中,平台部分主要进行现场监视监测,远程监控部分主要开展远程监控和应急指挥。该系统可实现溢油自动预警、溢油信息的自动提取等功能,并可根据风浪流数据跟踪来预测溢油的漂移。雷达溢油监测系统可作为用于溢油事件的主要应急反应的监测设备之一,也可以结合获得的航空和卫星监测图片以及现场验证等,进行综合分析,根据使用飞机对油污作业区域航拍的数据和卫星图像以及从雷达监视溢油系统传来的即时数据,雷达监视溢油系统可以对油污进行连续跟踪,在通过航拍和卫星监测获取到新的溢油事故的图片之前,除油作业等溢油应急响应措施可以持续进行。② 视频监视监测系统:在渤海区进行生产和作业的油气平台上安装视频监视监控设备,并配备变速室外重载云台(含单视窗大型护罩和云台解码器)、长焦透雾电动变焦光学镜头(含增距镜)、标清低照度透雾摄像机、非制冷被动红外热成像仪等,实现对主要作业区位置的油气平台、输油管道等溢油的动态监视监控。石油平台的全部视频监测信息通过北海区卫星通信网实时向陆地溢油监控数据中心进行传输。可见光镜头具有夜视、透雾能力,石油平台视频监控系统可实现24 小时不间断地监视,并可与石油平台雷达监视溢油系统相结合,与卫星、航空遥感和船载雷达监控、船载现场监测等多种监测手段相结合,构成对石油平台及周围海域溢油事故的较完整的监控体系。③ 水文气象观测系统:目前,我国石油平台周围海域基本上都布设了综合的浮标系统在线监测采集水文气象参数、海洋环境质量和水动力参数等数据。安装在石油平台上的水文气象观测系统,通过波潮观测仪器和自动气象观测仪器对石油平台所处位置的波浪、水位、风速、风向、温度、湿度、气压等参数进行实时监测。实时获取的监测数据主要采用通过 CDMA、北斗卫星,同时结合其他辅助通信手段,传输到陆地监控信息中心。赵平等(2010)开发出了我国海上溢油浮标跟踪定位技术,研制出溢油跟踪浮标及溢油监控软件组成的溢油浮标系统。在我国首次创新性地研究开发出了溢油浮标监控系统软件,具有浮标定位及动态管理等功能,首次将海图和沿海陆域地图转换成同一格式,应用于同一软件系统中。浮标系统对海上溢油具有跟踪定位功能,能够监控溢油的扩散范围和动态漂移的实时情况,及时、准确掌握溢油事故发生的时间和地点,为有关部门迅速采取应急和救援措施提供可靠依据,提高了我国溢油应急能力水平。该浮标技术及设备的研发与应用对促进我国海上溢油事故预测预警及应急能力的提升起到了积极的推动作用。

6.5.2 溢油预测技术的发展与应用

欧美等国从 20 世纪 60 年代就开始进行海上溢油研究,我国对海上溢油的研究虽然起步较晚,始于 20 世纪 80 年代,但也取得了较大的进展。Blocker 在1964 年建立了油扩散和挥发模型。20 世纪 70—90 年代,许多学者在油的物理特性、油与海水相互作用等方面做了深入、细致的理论和实验工作,并建立了经验公式以预报溢油路径、面积和剩余量等(Shen 等,1988;杨小庆 等,1996)。溢油的动态模拟预测是溢油应急系统的核心内容，近几十年来，一些国家的许多机构和学者在这方面做了深入的研究，取得了丰硕的成果（赵如箱，2000）。油膜扩展模式一个重要的发展就是 Johansen 和 Elliott 等提出剪切扩展的概念及"油粒子"模式（Oil Parcel Model）(Johansen，1984；Elliott，1986)。这类模式不仅避免了早期数值方法本身带来的数值扩散问题，还可以正确重现海上油膜的破碎分离现象，能准确地描述溢油的真实扩散过程。经国内外众多致力于溢油研究的学者的应用与观测验证，该模式被证实非常合理和精确。海上溢油的漂移与扩展主要取决于海表面风场、流场以及波浪和湍流的综合作用。风海流、潮流具有复杂的垂直结构，在垂直方向流速分布是不均匀的，对溢油起作用的主要是表层海流，因而建立三维模式必不可少。在此方面国内外学者进行了大量研究，发展了众多有效的模式（张存智 等，1997；Sugioka 等，1999；Han 等，2001；娄安刚等，2001；王日东 等，2004)。

目前已有多款成熟的溢油预测模拟软件。Graham Copeland（2002）针对文莱浅海开发了 Oil-Track 溢油模拟软件。由 SINTEF 开发的 OSCAR 软件可对溢油的行为、归宿进行模拟，还可对溢油浓度、溢油深度以及岸线受污染程度进行模拟，该软件还提供了应急物资的分布情况和简单的应急策略。RIAM 和 COMBOS 都是由日本科学家针对日本海和东京海湾开发的模拟软件。翟伟康等以 Visual Basic 6.0 为开发环境，实现溢油面积、溢油量计算、溢油定位连续动态显示，控制中心与应急单位相互预警的应用系统（翟伟康，2006）。刘彦呈等采用油粒子概念建立海上溢油的漂移、扩散、扩展、蒸发和乳化过程数学模型，在短时间内计算预测溢油轨迹以及溢油影响的敏感区，并在海上溢油应急反应 GIS 平台上模拟海上溢油的行为动态，为溢油应急决策提供科学依据（刘彦呈 等，2002；田娇娇 等，2006）；金永福等立足于地理信息系统 GIS、全球定位系统 GPS 和全球通信系统 GSM 的"3G"系统集成开发了海上溢油监测预测信息系统（金永福 等 2004）；廖国祥基于 WebGIS 的海上溢油应急信息系统进行研究（廖国祥，2005）。

国际上通常采用溢油量的大小评定海上溢油事故的严重程度、溢油事故等级，如英国，主要以溢油量大小评定溢油污染定级，从"极小"到"重大"划分为六个等级。除溢油量之外，溢油油品的种类和性质、溢油的位置、溢油事故发生时的天气及海况、发生溢油事故的设施状况等，都影响溢油事故的程度。加拿大学者应用 SLROSM 系统对溢油进行分析时，采用了溢油类型、环境条件、溢油量、泄露速率等指标以表征溢油的特性。我国在溢油方面的研究起步较晚，大部分是针对海上船舶运输过程中发生的溢油事故进行的定级判别和风险概率分析。

肖景坤等综合多种数学方法,利用我国海上船舶溢油历史统计数据,对我国海域内船舶海上溢油事件的风险概率、船舶溢油的因素、船舶溢油的危害预报等问题进行了较为全面的理论分析与应用研究(肖景坤 等,2001);李品芳、高丹等采用模糊综合评判方法,并结合气候条件、人为因素等对溢油事故进行了分析和研究(李品芳 等,1999;高丹 等,2007)。

我国北方海区是有冰海区,又是重要的石油开发区。渤海沿岸的辽河油田、大港油田、胜利油田均为我国主要的石油产地。随着沿岸油库、油码头的建立,海上石油平台、人工岛等陆续投产,这使该海区成为溢油事故多发地区。为此,及时开展冰期海上溢油行为研究十分必要。国家海洋环境监测中心海冰研究室在海洋局管理司的支持下,开展了有冰海区溢油管理的关键技术研究,初步建立了渤海有冰海区溢油行为的数值计算模式(简称 BIOB 模式),BIOB 模式主要是在渤海有冰海区中溢油事故发生后,计算溢油的漂移路径和范围。BIOB 模式采用油粒子流的概念,用大量的处于不同状态的油粒子表示溢油。不同状态指处于水面、冰下和初生冰中等状态。在计算油粒子运动时使用随机游动方法,并且考虑到冰的密集度对随机游动的影响(余加艾 等,1997)。

6.5.3 溢油应急决策系统的发展

20 世纪 80 年代初,一些发达国家相继建立和完善了各自的海上污染事故应急机制。欧美国家大多都采用 2～3 级的组织结构。美国将国家溢油应急系统分成三级:国家、地区和地方。每级都有自己的应急计划(黄新生,2001)。美国还建立了溢油应急的计划、训练和反应系统(SPEARS),以此来加强安全管理、提高应急反应能力(周秀玲,1996)。英国的溢油应急反应体系为两级结构,第一级是政府级别的应急机构,如海上污染管理委员会,第二级是地方级别的应急反应机构,如地方当局。法国的应急体系由海上应急和陆上应急两个子系统组成,同样每个子系统都分成政府和地方两级。瑞典、澳大利亚等国的溢油应急体系虽然组织结构稍有不同,但大体上还都是由政府直属的相关部门和地方性单位构成(栗茂峰,2003)。

应急决策支持系统是实现应急管理科学预警、有效应急的关键。20 世纪 70年代初,美国的 Scott Morton 等(1971)在《管理系统》中首次提出了决策支持系统 DSS(Decision Support System)。1978 年至 1988 年,该系统在许多领域中得到了迅速发展,以人机交互方式进行半结构化或非结构化的计算机应用系统开发投入应用后,效益明显。但 DSS 本身也有不足。20 世纪 80 年代初期出现了智能决策支持系统 IDSS(Intelligent Decision Support System)。Sonczek 等提出 DSS 与专家系统 ES(Expert System)相结合,分别发挥 DSS 数值分析与 ES 符号处理的优势,用于解决定量与定性的问题以及半结构化、非结构化问题。纵观国内外溢油事故的应急反应,在溢油应急处理过程中,数字化技术作为支撑技术发挥了重要的作用。溢油事故应急管理中数字化模拟实现主要有两个方面:第一,从 20 世纪 80 年代开始,为了适应溢油应急决策支持的需要,许多发达国家开展了溢油模拟信息系统的研究。我国已开发的系统主要有长江口流域溢油动态预测信息系统、珠江口区域海上溢漏污染物动态预测系统(熊德琪,2003)等,上述这些决策支持系统是利用多维虚拟现实、计算机网络、RS、GPS、GIS 等,通过数学、物理建模来实现模拟溢油的发生和扩散漂移全过程。第二,利用 GPS/GSM/GIS 技术(金永福,2003;黄凤荣,1997),发现和跟踪海上溢油。其实质是把通过数据通信和网络传送所取得的定位信息与电子海图匹配,从而在海图上观测 GPS 浮标的走动和了解溢油走向,以便于采取及时的应急措施。焦俊超(2011)以油粒子的概念根据海洋环境的动力模型和非动力模型建立动态溢油模型,通过二次开发设计出专业的溢油预测软件。以 Visual Studio. net 语言为开发平台、以 ArcEngine 为 GIS 控件来开发 GIS 溢油软件,并建立地理信息数据库、溢油的油品属性数据库。然后根据 Fortran 语言和 Visual Studio. net 语言之间的调用约定以及环境模型和 GIS 系统集成的原则,把用 Fortran 语言编写的动态溢油模型 DLL 和 GIS 系统集成起来。模拟的结果有三种显示方式:① GIS 格式的数据,可以通过 GIS 专业软件(如 ArcGIS、MapInfo)来显示;② 有动态图层的显示方式,可以通过渤海湾溢油预测系统软件以动画的方式显示溢油轨迹以及溶解率、蒸发量、含水量、黏度等随时间的变化,并可以实现流场、风场、溢油轨迹的联动,风场和流场推动溢油粒子的运动变化,给用户以最直观的效果;③ 可以根据 Google Earth API 开发,把溢油预测的结果转换成 KML 格式的数据,通过 Google Earth 来显示(焦俊超,2001)。牟林等(2011)基于 NET 平台,采用 C#作为开发语言,对 ArcEngine 9.3 进行二次开发。NET 平台的可移植性与 ArcEngine 9.3 的可视化和空间显示分析功能融为一体,实现溢油行为与归宿预测模块与 GIS 平台的统一。把溢油漂移的计算结果与地理信息系统等平台相结合,建立渤海海域预测预警系统。集成了环境敏感资源信息数据库,应急设备、队伍信息数据库和溢油漂移模型,为溢油应急提供溢油敏感资源及应急资源的日常管理,实现溢油漂移预测结果与敏感资源网的叠加耦合,达到对环境敏感资源的快速预警,形成了溢油敏感资源及应急资源管理系统(牟林等,2011)。姜独祎(2014)根据海上油气勘探开发过程中海上油气平台的生产作业、海域环境、水文气象、管理需要等特点,设计并集成由雷达全天候监视海面溢油技术、石油平台视频监控与油膜在线监测技术、水文气象观测技术等构成的海洋石油平台溢油在线监控预警集成系统,实现海面溢油的自动在线监测监视、各种多源监测数据的实时传输、远程监视与控制;并在陆地控制中心对实时获取的数据进行分析处理,基于 GIS 平台把在线监控系统、溢油预警模型、溢油应急处置决策支持系统等进行集成,快速、准确地自动生成溢油应急快报及多种信息产品,取得良好的实际应用效果,可以对石油平台及其周边海域进行全天候的立体、在线监视监测,实现溢油污染快速预警,并且能够为溢油应急处置提供决策支持,有利于提高我国海洋石油平台的监督管理能力和执法效率,提升我国海洋石油平台,尤其是近海及海岸带等区域海洋石油平台溢油事故的应急响应处置能力。该系统已在渤海的多个石油平台进行推广应用(姜独祎,2014)。

6.5.4 溢油处置技术的发展

6.5.4.1 常规的溢油处置技术及材料

机械/物理法、化学法、生物修复法(表 6-8)是目前常规的溢油应急处理方法。选用哪种方法要根据溢油事故发生时段、油品的性质、周围的天气海况条件而定。溢油事故发生发展主要分为三个阶段:① 溢油事故发生初期,主要是控制油膜扩散污染的范围,这时应当采用围油栏进行围挡(恶劣天气下围油栏围挡作用不明显);配合采用溢油回收装置,如溢油回收船、撇油器等装置回收海上油品。机械回收完毕后仍有剩余残油时,可考虑采用消油剂处理,在使用消油剂前应征得海洋主管部门的批准,并使用其核准的消油剂。② 大部分溢油已回收阶段,可采用化学方法(燃烧法、使用消油剂或凝油剂)或者选用吸油材料进行吸附回收。③ 利用吸油材料吸收后,还有一定的溢油残留阶段。可通过生物修复进行清除,主要是利用能够降解石油的微生物对海水进行治理,这需要很长的时间,但是也是最环保、可持续的方法。

表 6-8　溢油应急处理技术现状

技术方法	具体措施	适用条件	优点	缺点
机械/物理法	使用围油栏	事故水域波浪强度较小	易操作、设备简单、有效防止油的扩散	受限于恶劣天气条件
	使用机械回收装置	回收围油栏内围挡的溢油	高效、快捷	回收速率不高，不适用于薄层油
	使用吸油材料	小规模溢油，机械装置无法达到该位置	价廉易得，来源广泛	吸油量较小，吸附乳化油能力有限
	燃烧法	天气较为恶劣，燃烧区域需远离海岸	高效、迅速	污染大气、浪费能源
化学法	使用分散剂	天气状况恶劣，有发生火灾爆炸的危险性	见效快，操作简单，对乳化油作用较明显	易产生二次污染
	使用凝油剂	油层厚度小于1 mm，不便于吸附回收	见效快，操作简单	生产工艺复杂，成本偏高
生物修复法	微生物降解	油层厚度小于1 mm	安全，无二次污染	经济成本高，作用慢，受环境影响大

　　溢油防扩散阶段使用的应急物质包括各种类型的围油栏、围油索、集油剂和凝油剂。常见的围油栏类型有固体浮子式橡胶围油栏、固体浮子式 PVC 围油栏、充气式围油栏、固气混合浮子式围油栏、双体围油栏、防火围油栏、吸附性围油栏、物理围油栏、岸滩围油栏、简易围油栏等。围油索又称吸油索，是以聚丙烯制成的超细纤维吸附材料，并有套圈或夹子，可以一节一节连扣串联成索状。围油索使用轻便，少许人力就可投放拖曳，可视清污所需串联成任意长度。集油剂又称聚油剂、化学围油栏，由不溶于水的表面活性剂和活性溶剂混配而成。喷洒集油剂的作用是将海上溢油集中起来而不凝固，防止溢油进一步扩散，方便回收溢油。凝油剂是指将其加入溢油中可使水面溢油快速胶凝成黏稠状至坚硬油块的化学处理试剂。凝油剂能够防止溢油进一步扩散，方便下一步的机械打捞回收，从而降低对环境的危害，具有发展潜力。在溢油回收和消除阶段，物理法使用的器械和材料有撇油器、油拖网、油抓斗、各种吸油材料、溢油回收车、多功能

回收船等。化学法使用的应急物质包括分散剂、沉降剂和其他化学制品。生物法使用的应急物质主要指微生物菌种。常见的溢油吸油材料按其材质大致分为三大类,即天然无机吸油材料:膨润土、硅藻土、珍珠岩等;天然有机纤维材料:稻草、麦秆、木屑、芦苇等;人工合成高分子材料:聚乙烯材料、聚丙烯材料和聚氨酯材料等。常见的撇油器种类有黏附式撇油器、堰式撇油器、水动力式撇油器、抽吸式撇油器和其他撇油器。不同种类的撇油器在油膜黏度、油膜厚度、浪高不同的条件下吸油效率也不同。

6.5.4.2 溢油处置材料、设备的现状及发展

(1) 溢油回收船:针对一次大型水上溢油污染事故,应急响应流程主要由溢油指挥决策、围控、回收、储存、油水分离、评估及赔偿等环节组成。在这些环节中,以溢油围控、回收、储存和油水分离为重中之重,是溢油应急反应计划的重要组成部分。作为这些装备的载体和集成体的溢油回收船更是溢油应急反应计划中不可或缺的组成部分。溢油回收船是溢油回收的专用船舶,是溢油污染事故有效控制和快速处置的重要工具,主要实现水上溢油应急指挥、围控、回收和储存等功能,其具有良好的操纵性和高效的污染物回收效率。溢油回收船主要由船体、船体驱动系统、溢油应急指挥系统、漂浮垃圾打捞系统、溢油聚拢系统、溢油回收系统、油水分离系统等设备组成,可实现最短时间内迅速赶到溢油污染事故现场,并进行不同黏度和不同厚度的溢油、漂浮垃圾的高效回收和临时储存。

① 国外发展现状:Mavi Deniz 是世界最大的多用途防污船舶设计与生产公司,其生产的 SAE CAT 15 和 SAE CAT 17 型号的防污船广泛地应用于欧洲和南亚国家。船体为小型双体外形,长度分别为 15 m 和 17 m,具有原地旋转移动、全球定位及回音测深功能,配备溢油围控、回收、油水分离、分散剂喷洒、垃圾回收等装备,能够较好地实现小型溢油污染事故的应急处置。冰岛从 ASMAR 公司购买的 UT512 型海岸巡逻船和西班牙从 Rolls Royce 公司购买的 SASEMAR 型海岸巡逻船实际上均是兼有巡逻功能的浮式防污设备库,具备水上急救、污染防控、溢油回收及消防等功能。特别是 SASEMAR 型海岸巡逻船的收油量和收油效率分别可达 1 730 m³ 和 95%,回收的溢油既可以储存也可以直接燃烧驱动船只。挪威"蓝天使"号溢油回收船,其船长为 32 m,具备 240 m³/h 溢油回收能力(芬兰劳模公司制造),主要在挪威北部海域巡航作业。德国海军 Bottsand 级溢油回收船,其船体前部可展开形成 65°的扫油功能的开口,其船长 46.3 m,回收舱舱容 790 m³,最大浮油回收能力 140 m³/h。2011 年,正式服役的芬兰多功能大型溢油和化学品应急船,船长 71.4 m,船宽 14.7 m,具有 300 m² 工作甲板面积,开阔水域条件下的航速为 15 kn,冰层 50 cm 条件下的航速高达

8 kn。此船具有载运货物、溢油或化学品突发性事故处理和海军任务三种功能，船上装备有劳模公司最为先进的溢油回收技术（YAG Louhi），Louhi 是基于劳模公司的刷式撇油器技术，溢油回收速率高达 400 m³/h，临时储油舱容积为 1 000 m³。Ecoceane 公司开发了适合海洋航行的溢油回收船 Spillglop 系列，该型船舶可在 5～6 级风力下进行操作，以 4～5 kn 的速度进行溢油回收。最大一型 Spillglop 460 的回收效率为 60 000 m²/h，船长 45 m，最小一型 Spillglop180 的回收效率为 35 000 m²/h。船上还配有消防设备和处理化学品泄漏的设备（邹云飞 等，2015）[23-24]。② 国内现状：近年来，国内已建造了一定数量的专业溢油回收船，但相对于我国日益增加的溢油污染风险，整体数量还远远不够，表 6-9 为目前正在使用的国内具有代表性的海上溢油回收船。表 6-9 中已建溢油回收船，如中油应急 101、海洋石油 255/256 等新型溢油回船在蓬莱 19-3 溢油事件中发挥了重大作用。海特 071、111、191 是中国海事系统中型溢油应急回收船，也是目前国内最先进的溢油应急回收船，船体总长 59.60 m，型宽 12.00 m，型深 5.20 m，满载排水量 1 580 t，轻载最大航速 15.0 kn，溢油回收舱舱容 639 m³，最大浮油回收能力 200 m³/h。该船配备大型扫油臂、动态斜面（Dynamic Inclined Plane，DIP）收油及真空泵抽油方式等最先进的回收溢油技术，收油速率可达 200 m³/h；该船采用全方位溢油监视、跟踪、探测雷达系统；在首、尾部甲板配备了大型起吊设备，能直接在船上吊装围油栏等围控设备。海洋石油 252 是我国专业的溢油应急环保船，船长 68.5 m，型宽 16 m，型深 6.75 m，最大航速大于 13.2 kn，能够处理 40 m 宽油带，溢油回收能力可达 200 m³/h，回收舱容 550 m³，溢油回收效率高、速度快。该船配备溢油监测雷达，采用两侧内置式收油机，能保证溢油回收完全不受油的黏度与厚度的影响。中油应急 101 多功能溢油回收船，船长 63.8 m，型宽 13.8 m，型深 4 m，设计航速 13 kn，收油速率可达 400 m³/h，控制溢油范围最大可达 28 000 m²。该船前部设计了大型扫油臂，具有近海开阔水域溢油污染事故处理能力，具有海上溢油围控及清除作业、溢油水面消防作业、火灾扑救、事故船舶生命救助、重大工程项目守护等多项功能。青岛光明环保技术有限公司是我国较早从事溢油应急处置装备设计与制造的溢油应急服务机构，其设计生产了 GM 系列单体环保工作船和 GM-S 系列双体船环保工作船。最大溢油处理能力单体船 GM-40，船长 47.3 m、船宽 9.5 m、自由航速不小于 12 kn、收油速率可达 150 m³/h、回收油储存舱总舱容 500 m³；而最大溢油处理能力双体船 GM-40S，船长 37.3 m、船宽 7.5 m、自由航速不小于 10 kn、收油速率可达 120 m³/h、回收油储存舱总舱容 250 m³（邹云飞 等，2015）[24]。

表 6-9 国内已建溢油回收船

船名	收油能力	年份	使用单位
碧海 1 号	100 m³/h	2005	中海壳牌石油化工有限公司
海洋石油 251	100 m³/h	2008	中海石油环保服务有限公司
胜利 503	200 m³/h	2009	中国石化胜利油田分公司
中油应急 101	200 m³/h	2009	中国石油海上应急救援响应中心
海洋石油 255/256	200 m³/h	2011	中海石油环保服务有限公司
海特 071、海特 111、海特 191	200 m³/h	2012	山东、浙江、广西海事局
中油应急 102	200 m³/h	2013	中国石油海上应急救援响应中心
500 t 全回转溢油应急处置船	200 m³/h	2013	山东日照港

(2) 溢油回收装置(丛岩,2015):水面溢油回收的主要设备是溢油回收装置(撇油器),溢油回收装置在水面收集浮油的过程就是进行油水分离的过程。各种类型的溢油回收装置在进行油水分离时,主要是利用油类的以下两种物理特性:a 利用材料的亲油性进行油水分离;b 利用油水比重的不同进行油水分离。常用溢油回收装置的种类很多,分类方法也很复杂,按照各种不同溢油回收装置收取浮油的原理进行分类,可分为:a 黏附式,包括带式、转盘式、鼓式、刷式和绳式等;b 堰式,包括普通堰式、可调节堰式等;c 动态斜面式(DIP),也称为水动力式,动态斜面的倾角对回收油效率有影响;d 抽吸式,真空式或气流式;e 其他,包括组合式、涡流式等。另外,按照溢油回收装置在船上的安装方式,也可分为:a 可吊式,适用于各种船型,不需固定安装,由吊具进行释放和回收;b 固定内置式,主要用于单体船型,固定安装于船首或舷侧;c 升降式,主要用于双体船型,安装于双体船片体中间。① 国外溢油回收装置的主要类型:a 美国 SLICKBAR 溢油回收装置。美国 SLICKBAR 集团的全资子公司 J.B.F 环境工程公司成立于 1969 年,致力于水上溢油回收技术和设备的研究和制造,该公司发明并拥有专利的基于 DIP 技术的各种规格溢油回收设备,作为美国海岸警备队标准装备,是大西洋和墨西哥湾溢油应急反应基地的主要溢油回收设备。SLICKBAR 动态斜面(DIP)式溢油回收装置,回收能力范围 36~200 m³/h,有侧挂式和内置式。DIP 溢油回收装置工作原理:水面的浮油和垃圾碎片通过高速移动的斜面的牵引作用,向下移动并由于其自身的浮力集中到回收井里,越来越厚的油层会逐渐地积聚在回收井的顶部,将水向后排挤出回收井,用泵将上层富集的油抽出,保存到系统自备的油舱或旁边的油驳中。b 美国 MARCO 溢油

回收装置。MARCO 溢油回收系统为亲油带式溢油回收装置,由亲油带、抽吸管、刮板、挤压皮带和杂物隔栅组成,利用传动带回收水面溢油,传动带的运转将水面的溢油黏附在上面,经过刮片将油导入集油槽中,再由泵运送到储存装置中,水从回收带下方流走,垃圾被分离到一个垃圾筐中。该溢油回收系统效率较高,适用于回收中、高黏度的溢油。c 芬兰劳模溢油回收装置。芬兰劳模是一家专业从事环境保护、溢油回收、污染防治、污染物和垃圾回收处理等系统工程的国际化公司。自1982年成立以来,该公司已经拥有以硬刷溢油回收装置为主的专利技术和产品。芬兰劳模溢油回收装置的原理:船在快速向前行进时,侧面围油栏能够在很大范围内进行围控,并将浮油与垃圾进行浓缩,使收油系统能够最大限度地接触到溢油。进入系统后,油和垃圾与水分离,并由刷带提升离开水面,清水从刷体流出。刷体传送速度可根据操作条件及所接触到的油量进行调节。该公司生产的溢油回收装置主要为硬刷式(或者盘式、刷式组合),收油能力为 5~400 m³/h;有侧挂式和内置式二种安装方式。d 挪威法兰克蒙(FRAMO)溢油回收装置。挪威法兰克蒙(FRAMO)主要生产堰式溢油回收装置,一种是溢流式,用于回收中低黏度溢油;一种是高黏度/高蜡撇油头,用于处理极高黏度或高蜡的溢油。两种都是自浮式的溢油回收装置。其最小一种型号的回收系统为 TransRec100,排量为 200 m³/h。② 国内溢油回收装置的主要类型:a 青岛光明溢油回收装置。青岛光明环保技术有限公司主要从事海上溢油污染防治设备研究以及相关装备、环保专用船舶的设计制造,公司主要生产转盘式溢油回收装置、绳式溢油回收装置、堰式溢油回收装置、真空式溢油回收装置、带式溢油回收装置、刷式/筒式溢油回收装置、复合式溢油回收装置。其中转盘式溢油回收装置收油速率为 5~60 m³/h。CFS 船用复合式溢油回收装置(侧挂式),收油速率为 50 m³/h,总回收效率高。设备受波浪影响小,油水分离效率高。配备的上行垃圾分离装置可将垃圾和浮油同时回收,该设备适合回收各种厚度和黏度的浮油。ZS 转盘式溢油回收装置是一种轻巧、高效的回收水面溢油的设备。它由可漂浮在水面的撇油器、置于岸上或船上的动力站和连接二者的管线组成。它的应用范围较广,选用适当的机型可以回收水池、湖泊、江河、海洋的溢油。此种溢油回收装置具有以下特点:回收油速率高;可回收燃油、润滑油、原油、植物油等流动油;收回油中游离水含量低(最佳条件下可达 3%~5%);吃水浅,乘波性良好;质量轻,易调动,适于溢油应急反应作业。b 青岛华海溢油回收装置。青岛华海环保有限公司主要生产转盘式溢油回收装置、绳式溢油回收装置、堰式溢油回收装置、真空式溢油回收装置、斜带式溢油回收装置等。斜带式溢油回收装置最大收油速率为 50 m³/h。近几年随着科技的发展,很多更加环保、智能的新型溢油回收材料、设备相继研发投入应用。周铭浩等将无人船技术应用于具有较大排水量的溢油回收船上,设计了一种基于卫星定位自动作业与实时遥控作业两种控制方式的溢油回收无人船,用于复杂海况、狭窄水道以及浅水近岸等的溢油回收。解决了回收手段单一、回收效率低等问题,提供了无人船在溢油回收作业中的一套完整方案(周铭浩 等,2020 年)。

(3)围油栏:围油栏的材料主要有 PVC 和橡胶类,分为充气式和浮子式,充气式便于携带和存放,适于配备在回收船上进行溢油回收作业,浮子式主要用于港区内的日常使用和敏感区域的定点防护。根据抗风浪能力的不同,围油栏可分为重型、轻型。重型围油栏高度为 2~3.5 m,抗风浪大,用于锚地、航道等,需大型拖轮拖带;轻型围油栏高度在 1 m 左右,抗风浪能力差,用于港池和平缓水域。充气式围油栏的使用需要配备与之配套的围油栏集装箱、围油栏卷绕架、围油栏动力站、充吸气机、围油栏拖头以及围油栏清洗机等辅助设备设施。重型围油栏所需投资较高,轻型围油栏所需投资相对较低。围油栏的配备主要考虑与收油机配合使用的要求,每个撇油器需要配备的围油栏长度为 200~600 m。

(4)消油剂及其喷洒设备:消油剂是一种化学分散剂,用于分解水面油膜,缓解水面供氧,有利于油膜的生物降解,但目前市场上的产品多具有一定毒性,应注意选择低毒或无毒(食品级)的环保型消油剂,按规范使用。消油剂喷洒设备是依靠压力将消油剂与一定的水混合喷洒到水面的专用工具。消油剂和喷洒设备需配套使用。当消油剂具有一定毒性时,只能在远海使用,在沿海、内河区域不能使用。若配备食品级的无毒消油剂,则其适用海域的范围可明显增大。另外,消油剂有保质期,不适于一次性大量储备。

(5)吸油材料:将吸油材料投入水面,捞出后用机械装置将油挤出回收,适于在机械装置达不到的地方以及一些不允许使用溢油分散剂的水域和最后的水域清洁作业。为便于回收,应选择小尺寸吸油材料。

(6)储运设备:a 油污储运。除回收船上的油污水舱外,采用油囊储存回收到的油污水,油囊是 PVC 等制作的临时在海上储运污油的器具。b 设备储运。集装箱,用于存放围油栏、撇油器、泵,监视、监测仪器设备和吸油毡、消油剂等,可作为设备库的基本配置(乔冰 等,2006)。

6.5.4.3 现场应急实践经验

多年实践表明,在实际的溢油处理过程中,开阔水域大面积清除溢油一般采用三种方案:① 双船作业 J 形拖带清油:工作船处于 J 形排列围油栏的凹形底部,将收油机或收油网放在围油栏凹形底部收油。另一条拖船拖带导引围油栏,以增大扫油宽度。工作船负责围油栏的收放操作,要有足够的甲板空间放置围油栏;配有浮动油囊存储回收油;需有一台吊车收放收油机。拖船拖带导引围油栏。② 三船作业 U 形拖带清油:两条拖船拖带围油栏成 U 形,一条工作船将一台收油机放在围油栏凹形底部收油,也可将一张收油网放在围油栏凹形底部收油。③ 三船作业 V 形拖带清油:两条拖船拖带围油栏成 V 形,浮油回收船在 V 形底部收油。溢油应急力量的强弱、调用是否迅速、天气海况因素都决定着海上溢油的处理是否有效、及时,此外,溢油油品的性质及其随着季节变化也会影响海上回收和处理效果。因此,当海上发现溢油时,首先要快速分析判断出溢油的物化性质等,然后按照应急流程、操作规程、应急预案等快速、恰当地调用对应的应急力量进行响应。由于柴油和机油是轻质的,对它们的有效回收困难较大,如果遇到天气和海况较差时,难以实施机械回收,此时可充分利用其易于自然挥发和自然降解的物理特性,令其自然挥发和自然降解,在令其自然挥发和自然降解时可以用船只穿行其间加速其挥发和降解。若使用消油剂,应首先应征得海洋主管部门的批准。对原油的回收以机械回收为主,届时回收船或其他油田的溢油回收设备可被动员到溢油现场,所有回收设备的最终选用视原油的性质而定,溢油回收现场责任人应随时与应急指挥中心保持联系并协商。当天气和海况不允许使用机械回收的方法收油时,或机械回收完毕仍有剩余残油时,可考虑采用消油剂处理,在使用消油剂前要征得海洋主管部门的批准,并使用其核准的消油剂。

6.5.4.4 冰期溢油处置方法

在冰冻海区,泄漏在冰冻滩面上的原油在扩展过程中很快降温、凝固,扩展范围相对较小,易于用人工回收清除。在有浮冰的海域中发生溢油,为防止溢油随冰漫散,迅速布设围油栏将其围截,溢油凝固成块状或在浮冰之间随风漂移扩展,最终聚集于围油栏的下风侧,可用艇或船只进行回收。在机械回收困难或因其他原因必须使用消油剂时,必须注意应根据溢油的性质、温度等油品特性来选择使用何种或是否使用消油剂,通常在气温低的寒冷海域,使用消油剂的除油效果不佳(魏冬铭,2014)。

6.5.4.5 水下发生溢油的应急设备

深水溢油比水面溢油更为复杂,因此需要依靠一些深水技术设备来实现深水溢油应急,这些设备主要包括:① 水下监视机器人:由于深水的恶劣环境以及深水溢油轨迹的复杂性,在深水溢油事故发生时,就需要全面监视溢油在水下的输移全过程,以便更为有效地进行应急处理。进行深水油气作业的设施配备的都是固定摄像监控系统,这种监控系统无法进行全方位的灵活监视。面对这样的情况,就需要水下机器人(ROV)来监视深水溢油的输移情况,从而可以更有效地进行溢油处理。② 溢油源控制装置:在应急处置方面,深水溢油事故与海面溢油事故完全不同,它使溢油应急处置方式更为复杂。应急处置往往要求首先切断溢油源,然而对于深水溢油事故,以目前的应急设备和技术往往很难达到这一要求。因此,应当利用钻井井控、海底防喷器以及配套的溢油回收系统等技术与设备,建立深水溢油控制系统。③ 海底溢油乳化处理剂喷洒系统:美国"深水地平线"钻井平台溢油事故发生后,美国政府要求深水油气田开发必须配备海上应急救援系统,其中就包括海底溢油乳化处理剂喷洒系统。通过海底溢油乳化处理剂喷洒系统在水下对溢油进行处理,可以有效地降低溢油污染造成的损害(许文汇,2014)。

在海上溢油应急设备的研发方面,国内已经取得了一定的成果,"自主研制出几种溢油回收装置,包括拖把式、拖网式、离心式、吸附式、圆盘式等,并已成功地进行了小规模水域实验;同时研发了散油剂喷洒装置"。目前我国专门从事溢油防控技术科研攻关的人员还不多,但是我国面临的海上溢油风险很严峻,因此,我们要在溢油应急防控、治理、救援等新技术、新方法的研发领域给予更多支持,让溢油防控专业科研队伍力量增强。现代溢油应管理急体系是一项跨学科、跨专业、跨领域的研究,科技创新的力量要在海上溢油应急管理中得以充分发挥,先进的溢油应急设备和技术的科技价值要得以体现。例如,在油污治理方法研究中有一个非常好的课题——生物修复技术,生物修复技术在海上石油污染治理中发挥了越来越重要的作用,必须思考如何发掘更多的可治理石油污染的生物、如何提高生物治理石油污染的水平,使生物修复技术在油污处理中发挥更大的作用。再比如,在溢油回收处理阶段面临的两大课题:一是如何利用一次性被丢弃的非织造吸附材料(回收溢油的主要材料),如何能将这部分石油从吸附材料中取出或者再利用;二是"研发具有可生物降解和富集漏油作用的吸附材料"。

7

>>> 展望

　　渤海海域是我国海洋油气开发最集中的区域，溢油污染的形势也最严峻。加紧完善海上溢油污染防控体系，必须从宏观调控、可持续发展、维护生态安全和领海权益的战略高度出发，高瞻远瞩，要在渤海海域大生态环境保护背景下思考油气资源开发、溢油污染防控问题。海上溢油应急管理与防治研究是一个复杂的系统工程，涉及多个学科、专业和领域。在安全开发海洋资源的过程中，政府部门、油田企业、公众都是重要的力量。

　　"十四五"阶段是我国全面启动建设美丽中国的起步阶段。"十四五"规划中海洋生态环境保护的总体目标是逐步实现海洋生态环境质量改善，提升海洋生态环境综合治理水平和生态保护修复成效，开启美丽海湾和美丽海洋建设的新征程。借势"十四五"规划建设，在完善法律法规政策和应急管理机制、有序科学开发油田和加强管控监督、构建充实各级应急资源和力量、提高溢油预警预测决策以及治理技术等方面，我们还有很多工作要做，仍需继续努力。

　　愿渤海"水清滩净、岸绿湾美、鱼鸥翔集、人海和谐"。

>>> 参考文献

[1] 杨莹.中国海洋石油勘探开发史简析[D].北京:中国地质大学,2016.

[2] 国家海洋局海洋发展战略研究所课题组.中国海洋发展报告(2015)[M].北京:海洋出版社,2015.

[3] 竺效.生态损害的社会化填补法理研究[M].北京:中国政法大学出版社,2007.

[4] 蔡守秋.欧盟环境政策法律研究[M].武汉:武汉大学出版社,2002.

[5] 蔡守秋,何卫东.当代海洋环境资源法[M].北京:煤炭工业出版社,2001.

[6] 王志远,蒋铁民.渤海环境经济研究[M].北京:海洋出版社,2001.

[7] 刘容子.中国区域海洋学:海洋经济学[M].北京:海洋出版社,2012.

[8] 韩立新.海上侵权行为法研究[M].北京:北京师范大学出版社,2011.

[9] 杨建强,廖国祥,张爱君,等.海上溢油生态损害快速预评估技术研究[M].北京:海洋出版社,2011.

[10] 岳来群,陈先达,岳鹏升,等.藉蓬莱19-3油田溢油事故对渤海资源开发警示意义的思考[C].北京:海洋开发与管理第二届学术会议论文集,2018.

[11] 左其华,窦希萍,等.中国海岸工程进展[M].北京:海洋出版社,2014.

[12] 宋朋远.渤海油田溢油扩散与漂移的数值模拟研究[D].青岛:中国海洋大学,2013.

[13] 中国科学院海洋研究所.渤海地质[M].北京:科学出版社,1985.

[14] 中国地理学会海洋地理专业委员会.中国海洋地理[M].北京:科学出版社,1996.

[15] 白春江.遥感监测渤海海域溢油技术及系统研究[D].大连:大连海事大学,2007.

[16] 李欣.环渤海地区海洋经济发展中的资源、环境阻尼效应及空间差异分析[D].大连:辽宁师范大学,2015.

[17] 张正旺.渤海湾湿地的水鸟[J].大自然,2007,7(8):100-115.

[18] 孙雪景.渤海海域船舶溢油风险管理框架的研究[D].大连:大连海事大学,2007.

[19] 自然资源部海洋战略与规划司.中国海洋经济统计公报[EB/OL],2020.http://www.mnr.gov.cn.

[20] 张和庆,李福娇.近海海面油类漂流扩散的研究和预测实践[J].热带气象学报,2001(1):83-89.

[21] 周云霄.我国海上溢油事故应急机制探析:"溢油未尽"的渤海康菲事件[D].上海:华东政法大学,2019.

[22] 山东省地质矿产局.山东省区域地质志.地质专报—区域地质,第26号.北京:地质出版社,1991.

[23] 文琦.渤海溢油污染事故生态损害赔偿的法律救济问题研究[D].青岛:中国海洋大学,2013.

[24] 王宇平.从康菲溢油事故看我国《海洋环境保护法》的完善[D].青岛:中国海洋大学,2013.

[25] 李克辉.我国突发性海域溢油危机处置案例研究[D].大连:大连理工大学,2015.

[26] 姜少慧.海洋石油企业溢油风险评估及灾害应急管理体系构建研究[D].青岛:中国海洋大学,2015.

[27] 王燕.基于Haddon模型的我国海上溢油事件应急管理对策研究[D].青岛:中国海洋大学,2013.

[28] 姜瑶,陈轩,曹巍,等.我国重大海上溢油应急资源调配机制关键问题[J].中国水运,2014(8):24-25.

[29] 陈虹,雷婷,张灿,等.美国墨西哥湾溢油应急响应机制和技术手段研究及启示[J].海洋开发与管理,2011(11):51-54.

[30] 邹云飞,宁伟婷,丁敏,等.挪威NOFO协会溢油应急职责与启示[J].中国水运,2013(12):89-90.

[31] 陈涛,吴丽.蓬莱19-3溢油事件的"问题化"机制研究:基于建构主义的分析视角[J].南京林业大学学报(人文社会科学版),2014,14(2):52-60.

[32] 朱谦.突发海上溢油事件政府信息发布制度之检讨:以蓬莱19-3油田溢油事件为中心[J].中国地质大学学报(社会科学版),2012,12(3):32-39.

[33] 吴凤丛,等.关于海洋管理中几个问题的思考:以渤海蓬莱 19-3 油田溢油事故为例[J].海洋开发与管理,2013(9):38-40.

[34] 陈安,刘霞.蓬莱 19-3 油田溢油事件及其应急管理综述[J].科技促进发展,2011(7):23-28.

[35] 国家重大海上溢油应急能力建设规划(2015—2020 年)[EB/OL].[2016－01－28]. xxgk. mot. gov. cn/2020/jigou/zghssjzx/202006/t20200623_3317892. html.

[36] 刘一丁.部际联席会议制度工作效率有待观察[N].中国能源报,2013-07-01(14).

[37] 侯涛.构建海洋石油开采溢油危机防控体系之我见[J].环境保护科学,2016,42(3):159-162.

[38] 翟雅宁.我国海上油污防治法律问题研究[D].烟台:烟台大学,2012.

[39] 尹子卉.内河溢油应急反应队伍建设研究[C].北京:2010 年船舶防污染学术年会论文集,2010.

[40] 陈伟建,黄志球.我国海域溢油应急反应体系的现状分析与对策[J].航海技术,2012(2):63-66.

[41] 阮锋,吴亮.中国石油企业之间的溢油应急响应合作机制[C].北京:中国环境科学学会科学与技术年会论文集,2017.

[42] 周号,刘艳利,安志彬,等.工况信息数据采集系统在水平定向钻穿越施工中的应用[J].管道技术与设备,2010(5):36-37.

[43] 江勇,周号,廖国威,等.水平定向钻施工数据采集及处理系统[J].油气储运,2013,32(10):1124-1128.

[44] 赵玲.中国海洋环境突发事件应急管理协调优化研究[J].经济师,2018(1):49-52.

[45] 张耀光,关伟,李春平,等.渤海海洋资源的开发与持续利用[J].自然资源学报,2002,6(5):60-63.

[46] 徐祥民.环境法学[M].北京:北京大学出版社,2005.

[47] 蔡守秋.环境与资源保护法学[M].长沙:湖南大学出版社,2011.

[48] 马英杰.海洋环境保护法概论[M].北京:海洋出版社,2012.

[49] 孙江,王海涛.我国海洋环境风险防范制度完善研究:蓬莱溢油事故之应对及反思[C].成都:可持续发展·环境保护·防灾减灾——2012 年全国环境资源法学研究会(年会)论文集,2012.

[50] 尹一杰.渤海漏油赔偿难产:康菲石油挑战法律监管双漏洞[EB/OL].

北京:21世纪经济报道,2011. http://biz. cn. yahoo. com/ypen/20110812/523688.

[51] 米娜. 环境损害赔偿研究:以公共环境利益的损害为视角[D]. 呼和浩特:内蒙古大学,2008.

[52] 孙云飞. 我国海上溢油灾害应急管理机制研究:以2011年渤海康菲溢油事件为例[D]. 青岛:中国海洋大学,2014.

[53] 中国海事局烟台溢油应急技术中心. 国外溢油事故应急反应评析[M]. 北京:人民交通出版社,2008.

[54] 俞可平. 治理与善治[M]. 北京:社会科学文献出版社,2000.

[55] 滕娜. 我国海洋环境伦理规范理论与实践探析[D]. 大连:大连海事大学,2008.

[56] 邵华. 海事航保部门溢油应急反应队伍的管理与建设[J]. 中国海事,2019(5):51-52.

[57] 孟雁北,邓子欣. 环境侵权案件解决中的企业社会责任问题研究:以榕屏化工有限公司污染损害案为例[J]. 江海学刊,2008,3(5):76-79.

[58] 马文耀. 漏油致海洋污染的防范与治理对策[J]. 世界海运,2011,8(4):191-194.

[59] 宋宗宇. 环境侵权民事责任研究[M]. 重庆:重庆大学出版社,2005.

[60] 国务院. 中华人民共和国国务院令第506号[EB/OL]. 北京:中央人民政府网,2007. http://www. gov. cn/gongbao/content/2007/content_786235. htm.

[61] 刘国涛. 生态补偿概念和性质[J]. 山东师范大学学报(人文社会科学版),2010,5(2):23-25.

[62] 曹魏,陈轩,张伟,等. 重大海上溢油应急资源分类初探[J]. 交通节能与环保,2016(4):30-34.

[63] 赵婧华,李铨. 对溢油事件的国际应急协作与油污损害赔偿问题的法律思考[J]. 科技促进发展,2011(7):34-36.

[64] 张兆康,王东,尹建国. 海上溢油应急资源的科学配置[J]. 海事研究,2008(4):28-31.

[65] 丁斌,王鹏. 基于聚类分析的应急物资储备分类方法研究[J]. 北京理工大学学报(社会科学版),2010,12(4):10-13.

[66] 姜瑶,潘凤明. 国家重大海上溢油应急资源调配流程与机制[J]. 船海工程,2018,47(2):51-53.

[67] 姜瑶,陈轩,曹巍,等. 基于扁平化理论的重大海上溢油应急资源调配

模式的初步设想[J].电子科技大学学报(社科版),2014(16):24-25.

[68] 李云斌.渤海海域海洋石油设施溢油风险评价及应急资源配置研究[D].武汉:武汉理工大学,2017.

[69] 丁倩.海上溢油卫星遥感图像处理[D].大连:大连海事大学,2000.

[70] 李栖筠.卫星遥感技术在老铁山水道溢油监测中的应用[J].中国航海,1994,1:28-32.

[71] Hodgins D, et al. RADARSAT SAR for oil spill response[J]Spill Science & Technology Bulletin,1996,3(4):241-246.

[72] kpez-Pena F, et al. A Hyperspectral Based Muhisensor System for Marine Oil Spill Detection, Analysis and Tracking[C]. In: Negoita, M. G., Howlett, R. J., Jain, L. C. (eds.) KES 2004. LNCS (LNAI), 2004, 3213: 669-676.

[73] 詹远增,王迪峰,毛志华.基于 Hyperion 卫星高光谱影像的溢油信息提取研究[C].第八届成像光谱技术与应用研讨会暨交叉学科论坛文集,2010.

[74] Klemas V. Tracking and monitoring oil slicks using remotesensing [J]. Baltic International Symposium(BALTIC),2012 IEEE/OES. IEEE,2012: 1-7.

[75] 苏伟光.海洋卫星遥感溢油监测技术与应用研究[D].长沙:中南大学,2008.

[76] 于五一,李进,邵芸,等.海上油气勘探开发中的溢油遥感监测技术:以渤海湾海域为例[J].石油勘探与开发,2007,3:378-383.

[77] 张永宁,丁倩,李栖筠.海上溢油污染遥感监测的研究[J].大连海事大学学报,1999,25(3):1-5.

[78] LI Ying, et al. Potential Analysis of Maritime 0il Spill Monitoring Based on MODIS Thermal Infrared Data[J]. IEEE International Geoscience and Remote Sensing Symposium. 2009:373-376.

[79] 马龙,李颖,兰国新,等.基于可分离指数的溢油图像定量分析[J].海洋环境科学,2010,29(2):262-266.

[80] 石敬.渤海海域大型溢油应急综合遥感监测体系研究[D].大连:大连海事大学,2012.

[81] 赵东至,丛丕福.海面溢油的可见光波段地物光谱特征研究[J].遥感技术与应用,2000,15(3):160-164.

[82] 翟伟康,熊德琪,廖国祥,等.基于"3S"和 GSM 技术的近海溢油监测应

用系统研究[J].海洋环境科学,2006,25(1):93-96.

[83] 刘彦呈,殷佩海,林建国,等.基于 GIS 的海上溢油扩散和漂移的预测研究[J].大连海事大学学报,2002,28(3):41-44.

[84] 田娇娇,田淑芳,汤蓉.基于 GIS 的海上溢油事故影响分析[J].测绘技术装备,2006,8(1):16,20-21.

[85] 金永福,等.基于 GIS/GPS 的海上溢油监测预测信息系统的开发研究[D].大连:大连海事大学,2004.

[86] 廖国祥.基于 WebGIS 的海上溢油应急信息系统研究[D].大连:大连海事大学,2005.

[87] 刘伟峰.胶州湾及其邻近海域溢油应急预报系统研究[D].青岛:中国海洋大学,2006.

[88] Shen HT, Yapa PD. Oil Slick Transport in Rivers[J]. Journal of Hydraulic Engineering, 1988,114(5): 529-543.

[89] 杨小庆,沈洪道,汪德胜.油在河流中传输的双层数学模型[J].水利学报,1996(8):71-76.

[90] 赵如箱.浅谈溢油模型的发展及其应用设想[J].交通环保,2000,21(4):15-17.

[91] Johansen. The Halten Bandk Experiment-observations and model studies of drift and fate of oil in the marine environment[C]. Environment Canada: Procceding of the 11th Arctic Marine Oil Spill Program Techn. Seminar, 1984.

[92] Elliott AJ. Shear diffusion and the spread of oil in the surface layers of the North Sea [J]. German J Hydrogr,1986,39: 113—137.

[93] 张存智,窦振兴,韩康,等.三维溢油动态预报模型[J].海洋环境科学,1997.16(1):22-29.

[94] Sugioka SI, et al. A numerical simulation of an oil spill in Tokyo Bay [J]. Spill Science & Technology Bulletin, 1999,5(1): 5-61.

[95] Han MW, et al. Distribution and hydrodynamic model of the Keumdong oil spill in kWangyang Bay, Korea[J]. Environment International, 2001,26: 457-463.

[96] 娄安刚,王学昌,俞光耀,等.海上溢油应急反应系统的框架设计[J].海洋科学,2001,25(7):4.

[97] 娄安刚,吴德星,王学昌,等.三维海上溢油预测模型的建立[J].青岛

海洋大学学报,2001,31(4):474-479.

[98] 王日东,周势俊,张存智.三维溢油预测模型在大连湾的应用[J].辽宁城乡环境科技,2004,24(4):18-19.

[99] Kjell Skognes, et al. STATMAP -A3-Dimensional Model For Oil Spill Risk Assessment. Norway:SINTEF Applied Chemistry, Environmental Department, Trondheim, 2004,727-737.

[100] 肖景坤.船舶溢油风险评价模式与应用研究[D].大连:大连海事大学,2001.

[101] 李品芳,黄加亮.模糊综合评判在港口船舶溢油风险区划中的应用[J].交通环保,1999,20(2):12-14.

[102] 高丹,寿建敏.船舶溢油事故等级的模糊综合评价[J].珠江水运,2007,(2)25-28.

[103] 余加艾,王仁树,陈伟斌,等.有冰海区中的溢油行为[J].海洋环境科学,1997,16(1):72-77.

[104] 姜瑶,曹巍,张伟.我国重大海上溢油应急处置能力与调配机制研究[J].中国科技成果创新交流,2016(10):38-39.

[105] 黄新生.应予重视的溢油防治应急机制[J].交通环保,2001,21(5):1-5.

[106] 周秀玲.美国海岸警卫队溢油应急的计划、训练和反应系统(SPEARS)[J].交通环保,1996,17(1):46.

[107] 栗茂峰.瑞典的海岸与海洋环境管理[J].交通环保,2003(6):35-38.

[108] 赵平,鲍金玲,李涛,等.海上溢油浮标跟踪定位及动态监控技术研究[C].2010年船舶防污染学术年会论文集,2010.

[109] 金永福,熊德琪,严世强.GPS/GSM/GIS 海上溢油跟踪监测系统的研究[J].交通环保,2003,24(6):6-8.

[110] 黄凤荣.船舶溢油卫星监测与信息高速公路[J].海洋环境科学,199716(1):11-15.

[111] 焦俊超.基于GIS的渤海湾溢油预测系统研究[D].青岛:中国海洋大学,2011.

[112] 牟林,武双全,宋军,等.渤海海域溢油应急预测预警系统研究Ⅱ.系统可视化及业务化应用[J].海洋通报,2011,3(6)。

[113] 姜独祎.海洋石油平台溢油在线监控预警集成系统研究与开发[D].青岛:中国海洋大学,2014.

[114] 邹云飞,张德文,张鹏.溢油回收船的现状及发展趋势[J].中国水运,2015,15(5):23-24,29.

[115] 丛岩.国内溢油回收船现状及溢油回收装置选型研究[J].船舶工程,2015,37(5):1-6.

[116] 周铭浩,孙洪源,高博,等.一种溢油回收无人船设计研究[J].中国水运,2020,20(1):3-4.

[117] 乔冰,俞沅,赵平,等.区域溢油应急设备库总体规划研究[C].北京:中国航海学会2006年度学术交流会优秀论文集专刊,2006:31-40.

[118] 魏冬铭.溢油应急物质有效性评估及应急废物处置技术[D].大连:大连理工大学,2014.

[119] 许文汇.海上石油设施深水溢油风险评价及应急响应研究[D].武汉:武汉理工大学,2014.

[120] 张兆康,朱有庆.建立溢油应急响应标准服务海洋环保和石油天然气工业[N].中国海洋报,2016-10-24(A3).

[121] 徐葱葱,刘明杰,赵云峰,等.国内外溢油应急管理现状[J].油气储运,2017,36(5):548-551+562.

[122] 朱生凤,张兆康,朱有庆.解读全球响应网络中的分级响应安排[C].北京:救捞专业委员会2006年学术交流会论文集,2006:265-267.

[123] 潘祺.浅谈美国海上石油平台泄油事件对我国应海上溢油事故的启示急处理[J].珠江水运,2017(11):70-71.

[124] 中国科学院海洋研究所海洋地质研究室.渤海地质[M].北京:科学出版社,1985.

[125] 王树勇.中国石油工程百年发展历程[EB/OL],2012.http://big5.xinhuane.